3分钟读懂一个心理学常识

米嘉文○编著

中国华侨出版社

图书在版编目（CIP）数据

三分钟读懂一个心理学常识／米嘉文编著．—北京：中国华侨出版社，2010.6

ISBN 978-7-5113-0489-6

Ⅰ.①三… Ⅱ.①米… Ⅲ.①心理学－通俗读物
Ⅳ.①B84-49

中国版本图书馆CIP数据核字（2010）第104521号

三分钟读懂一个心理学常识

编著／米嘉文

责任编辑／杨 君

经销／新华书店

开本／710×1010毫米　　　1/16 开　　　印张／17　　　字数／210 千字

印刷／三河市祥达印装厂

版次／2010 年8月第1版　　　2010 年8月第1次印刷

书号／ISBN 978-7-5113-0489-6

定价／29.00 元

中国华侨出版社　　　北京市安定路 20 号院 3 号楼　　　邮编：100029

法律顾问：陈鹰律师事务所

编辑部：(010) 64443056　　　传真：(010) 64439708

发行部：(010) 64443051

网址：www.oveaschin.com

E-mail：oveaschin@sina.com

三分钟读懂
一个心理学常识

【前言】

　　有人说，21世纪是心理学的世纪，这句话不无道理。在过去的很长一段时间里，人们上知天文，下知地理，但唯独对自身知之甚少。如今，随着经济水平的提高和文化观念的转变，人们越来越关注自身，越来越关注心理，并开始寻求借助心理学更好地工作和生活的途径。

　　想要运用心理学改变生活和命运，我们必须先对心理学有个全面的认识和了解。一般来说，心理学的功能及其重要性主要体现在以下几个方面：

1. 可以帮助我们认识自我，更好地驾驭自己的人生

　　"知己知彼，百战不殆。"说的就是认识自我的重要性。我们平时经常听人说："我对自己最清楚！""难道我对自己还不了解吗？"其实，讲这种话的很多人对自己并未真正地了解，对自己的才貌、学识、成绩、贡献以及自己在别人心目中的地位等等，要么估计得过高，要么估计得过低。而心理学最大的作用就是帮助人们了解自己，从而更好地驾驭人生。

2. 可以帮助我们了解他人，轻松处好人际关系

　　人的心理是一个非常微妙、难以捉摸的"黑箱"，与人相处并非易事，很多人难以适应复杂的人际关系。比如很多技术性人才，他们懂得如何和自己对话，懂得如何支配自己大脑与时间，但是却会在公司的上传下达、左右周旋中手足无措，甚至难以适应融入组织的工作模式。而心理学却告诉我们，每个人都有自身的性格特点，人与人的关系也无非就那么几种，认识清

前言

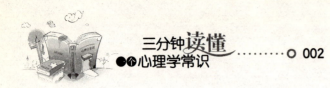
楚，协调好了，人际关系绝不至于一团糟。

3．可以帮助我们认清现实，少犯"低级错误"

人怎样才能少犯错误，或者不犯大的错误呢？很多人可能会认为自己犯错误是由于经验少。实际上很多时候不是因为我们经验少，而是思想方法不对头。每一个人的生命的结果，都不只取决于他是否勇敢，是否努力，是否有经验，还取决于他能否以正确的方式去努力。而借助心理学认清现实，少犯"低级错误"，正是一个人以正确的方式努力并发挥最大潜能的前提。

4．可以帮助我们生活美满、家庭幸福

有心理学家说，心理学是家庭幸福的催化剂。这并非言过其实。细心观察幸福的家庭我们不难发现，这些家庭的主要成员在日常生活中，都在自觉或不自觉地运用着心理学知识：夫妻恩爱需要通过心理学达到心心相映，两代人交流需要借助心理学架起沟通的桥梁，子女成才需要心理学的指引以便少付出心血获取更大成效……掌握心理学常识会使家庭更加和美幸福。

5．可以帮助我们进行心理自助，做到身心健康

俗话说："病由心生。"心理上的每一点变化，都能引起我们生理上的一系列变化。因此，从很大程度上来说，一个人的心理决定着其健康状况。心病还须心药医。掌握了心理学常识，在遇到心理困惑时我们就可以进行心理自助，使自己的心灵始终纯洁、健康，充满活力，从而保证身心健康。

心理学是研究心理现象和心理规律的一门科学，在普通读者心目中往往是晦涩难懂的，为了使大家能把心理学的常识和原理轻松应用到日常生活中去，我们特意编写了本书。本书共分9个部分，分别从情绪心理学、识人心理学、社交心理学、职场心理学、用人管人心理学、成功心理学、婚恋心理学、快乐心理学，以及心理困惑等方面，一一为你指点迷津，帮你出谋划策。

与大多数心理学书籍不同的是，本书更适用于现实生活。它力争将心理学的深奥理论通俗化，简单化，使大家能在最短时间内掌握并使之发挥效力。我们坚信：每个人都具有自我改善的能力，而且每个人都具有极大的改变空间。希望在本书的陪伴下，你能打开心理新局面，开创人生的新篇章！

三分钟读懂一个心理学常识

【目录】

第1章 情绪心理学

——心情好，生活才美好

"情绪"就像影子一样每天与我们相随，在日常的工作、学习和生活中我们时时刻刻都能体验到它的存在给我们的心理和生理上带来的影响。所以，我们要掌握情绪心理学，控制好自己的情绪，力争摆脱坏情绪，调动好情绪，让我们的生活更美好。

第 **2** 章 识人心理学

——用心观察，你就能洞悉他人的内心

哈佛大学心理学教授西那斯说："人们常常是嘴里说着一件事，但脑子里想的却是另一件事。"据统计，人类平均每10分钟的对话中，就会出现谎言；跟陌生人谈话时，绝大多数是言不由衷的话。要想看穿人的内心，就要掌握全方位的、多层面的看人识人的技巧和方法。

第 **3** 章 社交心理学

——你的"心"魅力，拉近心距离

　　社会交往体现的是一个人的素质和能力。人与人之间的交往，实际上是人与人心理的交流。现代健康观把人际交往的心理健康作为身心是否健康的一个重要标志。一个人的人际关系状况不仅影响着其成长与发展，而且决定着其事业的成败。我们若能掌握人们的交际心理，那么，我们就能很快地与对方展开交流，并拉近彼此的距离。

目录

第4章 职场心理学

——踏上职场"心"路程，赢在职场

心理学家指出，不管什么原因产生的心理波动，都会给我们的工作及生活带来一定的负面影响。如此，我们更需要一个平和的心态，沉着、冷静，才能游刃有余地应对各种职场中的现象和问题。这才是一个真正的职场人应该具备的成熟心理。

第 5 章 用人管人心理学

——用"心"当老板，拥有新业绩

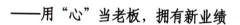

在竞争日益激烈的今天，谁拥有人才，谁就掌握了主动权，就拥有了克敌制胜的法宝，就占据了竞争的制高点。于是，如何使人才发挥出最大的能量便成为每一位企业管理者关注的问题。其实，只要你懂得用人管人的心理学知识，学会用"心"当老板，那么，管理人才，让人才发挥最大效用就不再是问题。

第 6 章　成功心理学

——"心"优秀，造就新强者

> 　　成功在每个人心中的定义是不一样的，但是，成功总是一件令人欣喜和羡慕的事情。人的一辈子都在奋斗，都在追求成功。在成功心理学中，任何普通人只要立志努力追求成功，有正确的目标和方法，并持之以恒地坚持下去，就能够不断地进步和超越自我，从而成为成功的强者。

第7章 婚恋心理学

——遵从心的指引，赢取婚恋幸福

　　恋爱结婚是每一个成年人，尤其是青年男女关心的大事。婚恋问题，不仅对社会的安定与发展有密切关系，而且对围城内外每一个人的身心健康、人际关系以及家庭幸福都具有极其重要的现实意义。所以，掌握婚恋心理学对每一个成年人来说都尤为重要。

第 **8** 章　快乐心理学

——心快乐，人快活

　　追求快乐之道，有一个大前提：那就是要了解快乐不是唾手可得的。它既非一份礼物，也不是一项权利。我们得主动寻觅、努力追求，才能得到。当你领悟出自己不能呆坐在那儿等候快乐降临的时候，你就已经在追求快乐的路途上跨出了一大步。

第9章 心理困惑

——赶走心理困惑，让心灵洒满阳光

有很多人说，心理素质在一定程度上是一个人所有素质的基础。只有心理健康，才能快快乐乐地学习和工作，才能拥有和谐幸福的生活。如今，很多人都存在这样那样的心理困惑，掩盖和回避都不是解决问题的办法。其实，很多时候，问题并不像我们想象得那么严重，只有正视它，看清它，才能有效解决它，进而重塑健康心理。

情绪心理学
——心情好，生活才美好

　　"情绪"就像影子一样每天与我们相随，在日常的工作、学习和生活中我们时时刻刻都能体验到它的存在给我们的心理和生理上带来的影响。所以，我们要掌握情绪心理学，控制好自己的情绪，力争摆脱坏情绪，调动好情绪，让我们的生活更美好。

控制好情绪，你就能掌握自己的命运

在认识外界事物时，会产生喜与悲、乐与苦、爱与恨等主观体验。我们把人对客观事物的态度体验及相应的行为反应，称为情绪情感，也就是情绪。

有这么一首小诗："你要是心情愉快，健康就会常在；你要是心境开朗，眼前就是一片明亮；你要是经常知足，就会感到幸福；你要是不计较名利，就会感到一切如意。"如果我们能控制好情绪，保持乐观向上的精神状态，使自己进入洒脱豁达的境界，那就掌握了生命的主动权。

一个人早上起来心情好的话，就算工作繁重、生活琐碎，这一天也会过得很开心。反之，如果情绪不佳，即使再有趣的事情，他也会觉得无聊透顶。好情绪就像"发电机"，它可以源源不断地输送快乐，让人们满怀信心地过好每一天。相反，消极情绪不仅会影响我们的工作、生活，对我们的健康也十分有害。

科学家们已经发现，经常发怒和充满敌意的人很可能患有心脏病。哈佛大学曾调查了1600名心脏病患者，发现他们中经常焦虑、抑郁和脾气暴躁者比普通人高3倍。可见，学会控制自己的情绪是生活中的一件大事。

人的每一个决定和行为，都或多或少地受到情绪的影响。无论是对

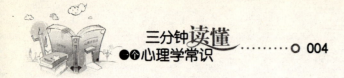

学习，还是对社会适应能力来说，情绪都扮演着非常重要的角色。

愤怒的情绪是你自己产生的，如果你放任自己于愤怒的情绪中，很可能会使别人也感到愤怒、生气。因为坏情绪是能传染的。在生活中，每当你发脾气或在愤怒的情绪下工作时，你应该分析所有使你愤怒的原因，然后避免使自己暴露于那些痛苦之下。心理学家劝诫那些情绪容易受外界干扰的人，应先处理好心情，再投入精力处理事情。那么，怎么控制好自己的情绪呢？

1. 保证充足的睡眠

匹兹堡大学医学中心的罗拉德·达尔教授的一项研究发现，睡眠不足对我们的情绪影响极大，他说："对睡眠不足者而言，那些令人烦心的事更能左右他们的情绪。"在睡眠充足的情况下，这种情况就会大大减少。一般来说，人心情舒畅，看待事物的方式也更积极乐观。

2. 保持沉默

如果你不能对别人很好地表达自己的不满，那么，你最好什么也别说。要在心中不断地告诉自己：沉默是金。要知道，讥讽、挖苦和指责别人，不仅对你自身毫无益处，而且会破坏别人内心的平静。

3. 分散注意力

你可以找一个比较安静的角落，摆一个使你舒服的姿势，把思想集中于呼吸。也许这样分散了你的注意力，你就不会把过多的心思花在那些消极的杂念上了。

4. 多做运动

运动能使你的身体产生一系列的生理变化，其功效与那些能提神醒脑的药物类似。但比药物更胜一筹的是，健身运动对你是有百利而无一害的。

5. 多读书

一本好书，会对一个人产生很大的影响。平时可以多读些关于人生经历的好书，看书中的主人公是怎样使生活变得更美好的。

6. 接近自然

心情不好的时候，去买束鲜花或盆栽植物，或者到公园去转转，呼吸一下大自然的气息，也许你的心情就自然的好了。假如你不能总到户外去活动，那么，即使走到窗前眺望一下青草绿树也对你的心情大有裨益。

学会控制自己的情绪，对于每个人而言都是相当重要的，它是我们成功的前提，更是我们身心健康的保证。对于大多数人来说，自制是最难得的美德，成功的最大敌人就是缺乏对自己情绪的控制。愤怒时，不能遏制怒火，使周围的人望而却步；消沉时，又放纵自己的萎靡，把稍纵即逝的机会白白浪费。一个人要想获得成功和幸福，关键是掌握控制自己情绪的能力。一个人如果能够很好地控制自己情绪，不被自己的坏情绪所左右，那么，他就不容易冲动，也就不会经常后悔。他总是安详而快乐的。

人们无时无刻不在受着情绪的影响，能恰当地处理与调动自己或是别人的情绪，你会享受到更多的快乐。反之，灵魂一旦被情绪牵制，它将会成为生活与交际的负担。能驾驭自己的情绪，你就能掌握自己的命运，做到了这一点，就等于你已经选择了一条成功的捷径。

心理常识：情绪共鸣原理

心理学家指出，在外界作用的刺激下，一个人的情绪和情感的内部状态和外部表现，能影响和感染别人。在一种情绪的影响和感染下，产生相同或相似的情感反应，叫做情绪共鸣。

我们阅读文学作品，或者欣赏艺术作品，都有过这样的审美经验：你阅读一部文学作品，到动情的时候，或者怦然心动，或者潸然泪下。当你欣赏一幅艺术名画，比如说，描绘大自然的背景的油画，这个时候你可能瞬间的感到天我合一，感到你与大自然的一种契合。这就是情绪共鸣的作用。

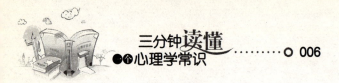
艺术作品的感染力，大多具有情绪共鸣的成分。欣赏者由于对作品的理解，产生相似相同的情绪情感体验，才能理解作者的思想情感，与作者同声相应，爱其所爱，憎其所憎。这样，艺术作品才能实现它的价值。

做自己情绪的主人

一位哲学家说过："不善于驾驭自己情绪的人总会有所失。"良好的情绪可以成为事业和生活的动力，而恶劣的情绪则会对身心健康产生破坏作用。因而把自己的情绪升华到有利于个人社会的高度，乃是明智的良策。在情绪易于剧烈波动的时刻，应该保持清醒的头脑，告诫自己严防偏激情绪的爆发。人的情绪和其他一切心理过程一样，是受大脑皮层的调节和控制的，这就决定了人是能够有意识地控制和调节自己情绪的，故可以用理智驾驭情绪，做情绪的主人。

当前，越来越多的人意识到，良好的心理状态是人的一生中适应各种挑战的精神支柱，是保持良好生活质量的动力。那么，心理健康的标准是什么呢？智力正常是人正常生活最基本的条件，也是心理健康的首要标准。其次，就是对情绪的人为控制。人在生活中难免会遇到这样那样的事儿，这就要求个人能够协调和控制情绪，保持稳定和积极向上的心态，善于从生活中寻找乐趣，对生活充满希望。

生活中，往往会遇到这样的情况：被老板批评后，会懊悔许久；谈判失利，会变得沉默寡言，甚至否认自己的全盘努力；面对一些繁琐小事，时常会火冒三丈、暴跳如雷；平时看似很冷静，工作学习中遇到了意想不到的事情，却会变得头脑发懵、手忙脚乱不知所措……这是为什么呢？其实这些都是我们的情绪在作祟。情绪可催人向上，也可以使人陷入困境无法自拔。驾驭情绪，做情绪的主人是我们应该培养和锻炼的一种能力。

许多人都懂得要做情绪的主人这个道理，但遇到具体问题就总是知难而退："控制情绪实在是太难了。"言下之意就是：我是无法控制情绪的。别小看这些自我否定的话，这是一种严重的不良暗示，它真的可以毁灭你的意志，丧失战胜自我的决心。真正健康、有活力的人，是和自己情绪感觉充分在一起的人，是不会担心自己一旦情绪失控会影响到生活的，因为，他们懂得驾驭、协调和管理自己的情绪，让情绪为自己服务。

还有的人习惯于抱怨生活："没有人比我更倒霉了，生活对我太不公平。"抱怨声中他得到了片刻的安慰和解脱：这个问题，怪生活而不怪我。结果却因小失大，让自己无形中忽略了主宰生活的职责。人应该学会控制自己的消极情绪，调动自己的积极情绪，这样才能对工作充满热情，对生活充满自信，做事有效率。所以，要改变一下对身处逆境的态度，用开放性的语气对自己坚定地说："我一定能走出情绪的低谷，现在就让我来试一试！"这样你的自主性就会被启动，沿着它走下去就是一番崭新的天地，你会成为自己情绪的主人。

人的心理是通过各种活动形成和发展的，也通过日常活动表现出来。健康的心理表现为情绪稳定，积极向上，没有不必要的紧张感，主要的精力都放在工作、学习和生活中。尽管人的情绪难免有变化，但是，心理健康的人的情绪基调是轻松愉快的。这种人会工作，会生活，并且会从中得到乐趣。可以这样说，人的情绪就是一把生命之火，情绪越好，生命之火燃烧得就越旺盛。

一个能控制好自己情绪、心理健康的人能够体验到自己存在的价值，既能了解自己又能接受自己，有自知之明，即：对自己的能力、性格和优缺点都能做出恰当的、客观的评价；对自己不会提出苛刻的、非分的期望与要求；会给自己定切合实际的生活目标和理想。对自己无法

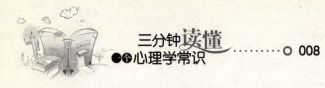

补救的缺陷，能安然处之。因而，对自己总是满意的。同时，这种人会努力发展自身的潜能。

做情绪的主人就是要让愉快、乐观、开朗、满意等积极情绪在心中总是占优势，虽然也会有悲、忧、愁、怒等消极情绪体验，但一般不会让它长久地贮存于心中。要能适度地表达和控制自己的情绪，喜而不狂，忧而不绝，胜而不骄，败而不馁，谦而不卑，自尊自重，在社会交往中既不妄自尊大，也不退缩畏惧。要对自己能得到的一切感到满意，那么心情就总会是开朗的、乐观的。

人类和自己的情绪打交道是一种"全天候的活动"，因为许多事都会左右我们的心情。谁能把自己的理智思维和情绪一起"握在自己手中"，谁就掌握了一种最重要的心理能力，谁就搭上了积极的顺风船，总有一天会航向彼岸。

心理常识：瓦拉赫效应

奥托·瓦拉赫是诺贝尔化学奖获得者，他的成功过程极富传奇色彩。瓦拉赫在开始读中学时，父母为他选择了一条文学之路，不料一学期下来，老师为他写下了这样的评语："瓦拉赫很用功，但过分拘泥，难以造就文学之材。"

此后，父母又让他改学油画，可瓦拉赫既不善于构图，又不会润色，成绩全班倒数第一。面对如此"笨拙"的学生，绝大部分老师认为他成才无望。只有化学老师认为他做事一丝不苟，具备做好化学实验的素质，建议他学化学。这下瓦拉赫智慧的火花一下子被点燃了，终于获得了成功。

瓦拉赫的成功说明了这样一个道理：人的智能发展是不均衡的，都有智慧的强点和弱点，一旦找到了发挥自己智慧的最佳点，使智能得到充分发挥，便可取得惊人的成绩。后人称这种现象为"瓦拉赫效应"。

张弛有度，从紧张情绪中解脱出来

在现代社会生活中，心理上有一定程度的紧张是不可避免的。没有一定程度的紧张，就不会有学习和工作的业绩，人们就无法适应今天的社会生活。没有紧张，或者紧张过度都不会有好的业绩。我们要的是适度紧张，这就好像琴弦一样，过松奏不出乐曲，过紧则声音刺耳，甚至会崩断，只有松紧适度才能奏出悦耳的声音。

我国古代流传着这么一则寓言故事：

一位技艺高超的教授弓箭的师父在传授徒弟射箭的技巧时问他的徒弟："你的臂力有多强？"徒弟说："七石的弓（古代以石论弓的强度），我常把弓拉满几个时辰都不放。"言语间自豪之情跃然纸上。"很好！现在我要你把箭射出去！看看你能射多远！"师父说道。

信心百倍的徒弟忙用自己拉满七石的弓，将箭射了出去。徒弟以为已经射得很远了，心想，师父一定会夸奖自己一番的。

师父看后，却没有说什么，而是也跟着射出一箭，用的是自己六石的弓，但是，却比徒弟射得远得多。

看着徒弟惊讶的表情，师父开口对徒弟说："强弓要虚的时候多，满的时候少，才能维持弹性，成为强弓。倘若弦总是被拉紧，就不可能射出有力的箭了。"

箭要想射得远，就要拉紧弦，但是拉得太紧，弦就会被拉断。人的

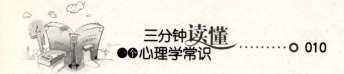
精神也是这样，一味地将自己置于紧张的学习、工作之中，得不到丝毫的休息，使我们自身生理上和心理上都承受巨大的压力，那结果就事与愿违了。就如举重一样，超过自身的承受力就举不起来了。如果说人是一只皮球，压力就是注入皮球的气体，超过一定的量，必然会使皮球爆炸。人若承受不了压力，心情太过紧张，身心必然会出问题。

人们在日常生活中，经常会遇到各种各样的困难和障碍，为了解决问题，实现自己的目标，就必须克服困难。而困难的出现和克服，会引起人内心的不安和紧张，严重时就会给人带来恐惧，形成焦虑。爱默生说："恐惧较之世上任何事物更能击溃人类。"有的人由于不知道心理紧张如何调控，出现了社会适应不良，生命质量下降的情况。

从生理心理学的角度来看，人若长期、反复地处于超生理强度的紧张状态中，就容易急躁、激动、恼怒，严重者会导致大脑神经功能紊乱。因此，人要克服紧张的心理，设法把自己从紧张的情绪中解脱出来。那么，如何才能掌握心理紧张的自我调控之法呢？

1. 不理睬外部的不良刺激

人陷入心理困境，最先也是最容易采取的便是回避法，躲开、不接触导致心理困境的外部刺激。在心理困境中，人大脑里往往形成一个较强的兴奋中心，回避了相关的外部刺激，可以使这个兴奋灶让位给其他刺激，引起新的兴奋中心。兴奋中心转移了，也就摆脱了心理困境。

2. 让自己放松

有位精神治疗专家曾说过："要在你的心灵寻找出'宁静房间'，这是任何人都需要的。"这里所谓的"宁静房间"，就是指要设法让自己尽量松弛。人在紧张的工作、学习之余，可以从事各种娱乐活动，调节自己的生活，让自己放松。不管白天的精神压力如何，夜晚的时候，一定要让自己保持心境平和，因为紧张会导致失眠，精神会因之更加紧张。

3. 遇事要保持镇静

如果在工作、学习中遇到难题或必须完成的紧急任务，首先应该稳住自己的情绪，保持镇静，先不必紧张，也不要急于求成，以免乱了方寸。进而要相信自己的能力，并对困难作出冷静的分析，制定出必要的应对方案。

4. 寻找新兴趣

美国心理学教授韩斯·施义博士说："不要把事情看得太严重，更不要把小事情弄得紧张兮兮的，否则，一旦养成这种习惯，紧张就会越来越严重、厉害了。"所以，为了避免总是处在紧张之中，最好再寻找一些新的兴趣，改变一下日常生活，这对于驱除紧张也是很有帮助的。

必须说明的是，焦虑紧张时，不要迁怒他人。没有什么事可以比迁怒他人更损害自己的。因为，这只会导致更严重的情绪紧张。

心理常识：齐氏效应

心理学中所说的"齐氏效应"，是指人们因工作压力而导致的心理上的紧张状态。它来源于法国心理学家齐加尼克的一个实验——"困惑情境"实验。

齐加尼克找来一批被试者，并将他们平均分成两组，然后要求他们在相同的时间里完成20项工作。其间，齐加尼克对一组受试者进行干预，使他们因被打扰而未能完成任务；而对另一组，齐加尼克则毫不干预，让他们顺利完成全部工作。

实验结果是，虽然这两组被试者在接受任务时都呈现一种紧张状态，但是，那些顺利完成任务者的紧张状态却逐渐消失了；而那些未能完成任务者的紧张状态却持续存在，他们的思绪依然被那些尚未完成的事情困扰着。这后一种情况便被称为"齐氏效应"，也叫"齐加尼克效应"。

它告诉我们：一个人接受一项任务，就随之产生了一定的紧张心理，这种紧张心理只有在任务完成后才会彻底解除。倘若任务没有完成，则紧张心理将持续不变。

第一章 情绪心理学

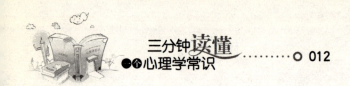

驱散飘忽的浮躁

在心灵深处，总有那么一种情愫使我们茫然不安，无法宁静，这就是浮躁。浮躁的特点有很多，总结起来主要是心神不宁，面对急剧变化的社会，不知所为，心中没底，恐慌得很，对前途无信心；焦躁不安，在情绪上表现出一种急躁心态，急功近利，在与他人的攀比之中，更显出一种焦虑不安的心情；盲动冒险，由于焦躁不安，情绪取代理智，使得行动具有盲目性。浮躁是一种冲动性、情绪性、盲动性相互交织的心理现象。

浮躁的人对什么都浅尝即止。浮躁是一种相对的状态，再踏实的人，也有浮躁的时候。浮躁心理是人们做事目的与结果不一致的常见原因。具有浮躁心理的人，一味地追求效率和速度，做起事来往往既无准备，也无计划。而踏实是一种同浮躁相对应的状态，是一种跟浮躁比较起来能够深入分析和脚踏实地的状态。

有一个年轻人，人际关系很好，待人接物宽容豁达。但是最近一段时间，每当他发现别人，特别是同事小张超过自己时，就会耿耿于怀，怕被比下去，工作时总是心浮气躁，静不下心来。后来，他终于找到了问题的根源所在，他觉得自己的争强好胜心理太强了，还有些嫉妒心，总是把得失、名誉看得太重，患得患失，工作时总是心有杂念，不能完全平静下来，致使内心越来越浮躁。

争强好胜、嫉妒都能使一个人的情绪不稳定，摆脱不了杂念，于是就会心浮气躁，情绪飘摇不定。浮躁的人一般容易见异思迁，他们做什么事情都没有恒心，不安分守己，总想投机取巧。人一旦浮躁，就会终日心神不宁，焦躁不安，长此以往，容易丧失收放自如的生命弹性。那么，如何才能驱走这种飘忽的浮躁呢？

1. 比较时要知己知彼

"有比较才有鉴别"，比较是人获得自我认识的重要方式，然而比较要得法，即"知己知彼"，知己又知彼才能知道是否具有可比性。例如，相比的两人能力、知识、技能、投入是否一样，否则就无法去比，从而得出的结论就会是虚假的。有了这一条，人的心理失衡现象就会大大减低，也就不会产生那些心神不宁、无所适从的感觉了。

2. 要浇灭欲望

在很多时候，我们都急需在心中添把火，以燃起某些希望；而在某些时候，我们需要在心中洒点水，习惯等待，以浇灭某些急于求成的欲望……只要我们能够真正地静下心来，认真地去学习、工作，我们做得会比现在好得多。

3. 要有一个明确的目标

古人云："锲而舍之，朽木不折；锲而不舍，金石可镂。"成功人士之所以成功的重要秘诀就在于，他们将全部的精力、心力放在同一目标上。许多人虽然很聪明，但心存浮躁，做事不专一，缺乏意志与恒心，到头来只能是一事无成。

4. 凡事不能急于求成

"拔苗助长"的故事大家都听说过，那个农民为了让禾苗快一些长高，辛辛苦苦累了一天把禾苗都拔高了一截，可是再去看禾苗的时候，禾苗都枯萎了。急于求成是永远不会获得想要的效果的，只有循序渐进才能获得最终的成功。任何事物都有它成长的自然规律，我们不可急于求成，要学会等待。

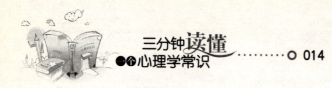

5. 要懂得坚持

很多人做事都是半途而废，在开始的时候是一腔热血，然后是热情消退，最后完全放弃。是什么原因让人们放弃的呢？因为很多人都不能坚持，面对困难或者失败，不能静下心来找原因想办法解决问题，却因为浮躁心理，选择放弃。

如果你想成就一番事业，那就必须静下心来，驱散浮躁心理，脚踏实地，摆脱速成心理的牵制，看清人生最根本的目的，一步一个脚印地走下去。只有这样，才能走向成功。

心理常识：糖果效应

著名心理学家萨勒对一群都是4岁的孩子说："桌上放两块糖，如果谁能坚持20分钟，等我买完东西回来，糖就给谁。但若不能等这么长时间，就只能得一块，现在就能得一块！"这对4岁的孩子来说，很难选择——每个孩子都想得两块糖，但又不想为此熬20分钟；而要想马上吃到嘴里，又只能吃一块。

实验结果：三分之二的孩子选择宁愿等20分钟得两块糖。当然，他们很难控制自己的欲望，不少孩子只好闭起眼来傻等，以抵制糖的诱惑，或者用双臂抱头不看糖，或唱歌、跳舞。还有的孩子干脆躺下睡觉，为了熬过那20分钟。三分之一的孩子选择现在就吃一块糖。实验者一走，1秒钟内他们就把那块糖塞到嘴里了。

经过12年的追踪，凡熬过20分钟的孩子长大后都有较强的自制能力，自我肯定，充满信心，处理问题的能力强，坚强，乐于接受挑战；而选择吃一块糖的孩子长大后则表现为犹豫不定、多疑、妒忌、神经质、好惹是非、任性、顶不住挫折、自尊心易受伤害。这种从小时候的自控、判断、自信的小实验中能预测出长大后个性的情况，就叫"糖果效应"。

走出低落情绪的陷阱

俗话说："笑一笑，十年少；愁一愁，白了头。"这说明，人的心境、情绪对身体的影响是很大的。轻松、愉快、兴奋等积极的情绪能增强大脑的功能状态，增强人的免疫功能，另外还可以缩短人际间的心理距离，有助于建立良好的人际关系。而紧张、愤怒、沮丧等消极情绪会降低大脑功能，使人的活动效率下降。同时，还易引起内分泌失调，也不利于人际关系。

小雪最近不知为什么总是打不起精神，工作效率明显下降，还经常为一些小事哭泣。睡眠也不好了，晚上睡不着，早晨很早就醒了。白天常感到疲惫，精力不足，对什么都不感兴趣，包括以前喜欢的事也不愿做了。回到家里也不愿和家人说话，做事总是犹犹豫豫，下不了决心。这一切，都让小雪心里总有说不出的恐慌和畏惧，所以，情绪一直提不上去。

其实，人都有情绪低落的时候，当人处于低潮时，对任何事情都提不起兴趣，总是想着那些伤心的事情。所以，要想摆脱这种情绪，首先应该让自己不要总是去想这些问题，转移注意力。然后，确定几件你认为一生中最有价值的事情，专心去做。

人情绪低落有时是因为一些不能改变的现实。对于某种不能改变的事实，那就全心地接受它。既然已经成为事实，就不要总想着如何再

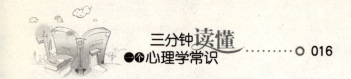

让它变为虚无，应该尝试去接受，去面对现实。一个人不可能改变全世界，事物不会因你而改变。我们所能做的，就是适应这个世界。所谓"物竞天择"、"适者生存"，就是这个意思。想让自己开心，首先就要让自己不那么极端，不去钻牛角尖。

在你跌入人生低谷、心情低落的时候，总会有人真心地对你说：要坚强，而且要快乐。坚强是绝对需要的，但是快乐，恐怕太为难了。毕竟，谁能在跌得头破血流的时候还觉得高兴？但是，你至少应该做到内心平静。内心的平静，能够让你的情绪稳定下来，这样你才能够理智地看待这件事，最后把该处理的事处理好，从而走出低落情绪。

人生是一条有无限多岔口的长路，不管你有什么样的心理，你永远都在不停地做选择。如果只是选择吃素炒面还是肉炒面，那么，你心里也不会有太大的抗争，不会过分的激动，或者伤心。但是，人生有很多的选择，对于我们来说，都是非常重要的，比如选择读什么专业、做什么工作、结婚或不结婚、要不要孩子等等，每一个选择都影响深远，而不同的选择也必定造就完全不一样的人生。

作出了选择，就不要轻易后悔。因为人生没有重来的机会。不要说，如果当初如何，现在就不会这样那样。这种充满怅然的喃喃自语，并不能让你的心情有什么实质上的好转，只能让你更加怅然。每一个岔口的选择其实没有真正的好与坏，只要你去积极地看待。

人生不如意事十之八九，这是我们无法避免的。要知道，你现在所承受的苦难，不是毫无意义的。痛苦可以让人颓废，也可以激发人的斗志，关键是看你做出怎样的选择。

如果你会因情绪低落而导致抑郁，那么，你应该检查一下你的人生目标和价值，检查一下你是怎样消磨时间的。反复出现低落情绪的一个重要原因是你实际做的事情同你真正看重的事情不相称。这种不相称本身并没有明确表现出来，都表现为笼统的抑郁情绪，心情压抑的人是怎么也高兴不起来的。

有的人因思虑过多，而把自己的人生复杂化。明明是活在现在，却总是对过去念念不忘，对未来忧心忡忡。他们坚持携带着过去、未来与现在同行，人生也总是拖泥带水。这样的人生也不可能轻松、积极和快乐。从心理学角度看，痛苦就是欲望受到了打击，之所以会产生心理疾病就是因为把自己的精力投错了地方，只有解放心灵才会变得轻松快乐。一个人想要掌控自己的情绪，就不要自设陷阱，不要画地为牢，不要作茧自缚，而要从自我心中走出情绪陷阱，走向自我发现。

心理常识：期望效应

传说古希腊塞浦路斯岛有一位年轻的王子，名叫彼格马利翁，他酷爱艺术，通过自己的努力，终于雕塑了一尊女神像。对于自己的得意之作，他爱不释手，整天含情脉脉地注视着他。天长日久，女神终于奇迹般地复活了，并乐意做他的妻子。这种现象称之为彼格马利翁效应。

心理学家罗森塔尔及其同事，要求教师们对他们所教的小学生进行智力测验。他们告诉教师们说，班上有些学生属于大器晚成者，并把这些学生的名字念给老师听。罗森塔尔认为，这些学生的学习成绩可望得到改善。自从罗森塔尔宣布大器晚成者的名单之后，罗森塔尔就再也没有和这些学生接触过，老师们也再没有提起过这件事。事实上所有大器晚成者的名单，是从一个班级的学生中随机挑选出来的，他们与班上其他学生没有显著不同。可是当学期末，再次对这些学生进行智力测验时，他们的成绩显著优于第一次测得的结果。这种现象为罗森塔尔效应。

以上两个故事都告诉人们：期待是一种力量，这种期待的力量引发的现象统称为期望效应。

第一章
情绪心理学

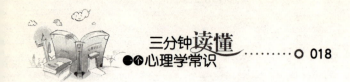

给心中的怒气找一个出口

生活中，愤怒无处不在：夫妻间吵架拌嘴，进而越吵越激烈，引发一场夫妻大战；员工对老板的抱怨指责，满腹牢骚过后问题还是得不到解决，接着就是员工对老板愤怒的报复；孩子顶撞父母，让父母很生气，控制不住，脾气会越来越暴躁，最后会愤怒地对孩子大打出手；父母责骂孩子，孩子生气不服，为了和父母斗气，愤怒地离家出走；甚至，下班路上的拥堵也会让一些人坐在车里一边愤怒地狂按喇叭，一边破口大骂……

人不可能永远处在好情绪之中，生活中既然有挫折、有烦恼，就会有消极、过激的情绪。一个心理成熟的人，不是没有坏情绪的人，而是善于调节和控制自己情绪的人。

虽然，从小到大我们就被一再告知，生气、脾气暴躁是不好的，那些直接或者间接的生活经验也让我们知道，发火的"破坏力"有多大——失去朋友、得罪亲人，或者丢掉饭碗。但是，我们还是不能很好地控制自己的情绪。

因受到外界刺激而冲动发火，做出种种不理智的行为，可以说是急性的坏情绪。脾气暴躁、容易愤怒对人的身心健康与思维效率有很大的杀伤力。所以，一个人学会制怒是很有必要的。学会制怒就是要学会控制发怒的状态，做自己情绪的主人。下面是对付一些过激情绪常用的方法，容易生气愤怒的人可以参考一下。

1. 明确告诉自己：我生气了

愤怒来临时，我们往往还没弄清楚发生了什么，不该说的话就说出去了，不该做的事也已经做了。所以，向自己承认"我生气了"，大声说："这件事让我很生气，现在我该怎么办？"告诉自己也告诉对方。这样做，会为你赢得正确处理愤怒情绪的机会。

2. 自己努力克制一下

说出来不高兴了，还是难消心头之火，那么，就先自己努力克制一下吧。不要马上说什么或者做什么。克制冲动并不意味着积累愤怒，而只是说你在感到愤怒的时候，应该先冷静一下。遇到使你愤怒的人和事，应该想到，发怒并非良策，反而会增添新的烦恼，理智地让步，不仅可以使心理上获得解脱，还会得到别人的谅解和同情。

3. 发怒之前，问自己三个问题

首先要问的是："我发怒有没有道理呢？"然后就要问一问自己："我发怒之后会有什么后果呢？"最后，你要问："我还有其他的方式来替代发怒吗？"

一个年纪轻轻的小伙子在他准备上公交车时，仅仅是因为该从前门还是后门上车的问题跟司机发生了口角，在愤怒和争执中，他随手向车里乱扔了一个易拉罐。后来，公交公司将小伙子以"寻衅滋事"的罪名起诉了。小伙子为他的愤怒付出了代价。

试想，如果那位小伙子愤怒之余能够问自己这三个问题，还会有后来他扔易拉罐的事情发生吗？还会被起诉吗？

4. 找到适当的宣泄口

有个男孩子，性格很内向，心里有什么事都不愿与人说。所以，长期以来，情绪都很不稳定。对父母以及很好的朋友动不动就发火，大吼大叫。有时候一不顺心，他心里就会变得很急躁、很烦闷，会想摔东西，或是砸门，想做一些冲动的行为。因为他这样无缘无故的发火行

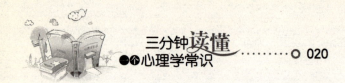

为，让他身边的朋友都很难接受，慢慢地都不再愿意和他交往了。

令人气愤之事一旦发生，为了不使内心的不平衡进一步加剧，必须设法把"气"排解出去。你可以找信赖的朋友或亲人，尽情地倾诉自己的不满和委屈，求得对方的开导和安慰；或是和朋友一起唱唱歌、乐一乐，把"气"放出来；也许觉得自己受了委屈没处发泄，也可以大声地痛哭一场。必须提醒的是，不可以因为自己心中不快，就大肆破坏公物或者迁怒于他人。

5. 让愤怒升华成力量

遇到令人气愤、不顺心的事，或长期处于逆境之中，要善于支配自己的情绪，化气愤为干劲，在逆境中奋发图强。这样，一方面使自己得到解脱，一方面也推动自己在事业上不断地进取。

6. 站在对方的角度考虑一下问题

凡事要将心比心，就事论事，如果任何冲突矛盾，你都能站在对方的角度来看一下问题，那么，很多时候，你会觉得没有理由对别人发那么大的火，自己的怒气自然也就消失了。这也是一种宽容大度，对人不斤斤计较，能为别人着想。当你学会宽容时，爱发脾气的毛病也就自行消失了。

❗心理常识：安慰剂效应

安慰剂，是指既无药效、又无毒副作用的中性物质构成的、形似药的制剂。安慰剂多由葡萄糖、淀粉等无药理作用的物质构成。安慰剂对那些渴求治疗、对医务人员充分信任的病人能产生良好的积极反应，出现希望达到的药效，这种反应就称为安慰剂效应。

使用安慰剂时容易出现相应的心理和生理反应的人，称为"安慰剂反应者"。这种人的特点是：好与人交往、有依赖性、易受暗示、自信心不足，经常注意自身的各种生理变化和不适感，有疑病倾向和神经质。

掌控冲动的"心魔"

《黄帝内经》中说，人有七情六欲，喜伤心，怒伤肝，忧伤肺，思伤脾，恐伤肾。可见，情绪反应是人们正常行为的一方面，但用情过度却会伤害身体。很少有人生来就能控制情绪，但日常生活中，人们应该学着去适应。

菲菲住的楼层隔音效果特别不好，楼上的小孩子走路就是跑的，总是有"咚咚咚"的声音传下来，这让菲菲很难忍受，总是有要打那小孩一顿的冲动。她当然不能去打孩子，所以，一直就这么忍着冲动。当然，这使她生活得很闹心。有一天，无意中和那个小孩碰了个对面，菲菲下楼小孩上楼，当菲菲听到小孩奶声奶气地跟她打招呼，说"阿姨好"，然后看到孩子无邪的眼神时，菲菲的心就那样莫名其妙地被触动了。从此，她再也没有要打那个孩子的冲动了。不过说来也怪，有了这次经历后，菲菲就不怎么听得见小孩的吵闹声了。有时即便听到了，菲菲也会觉得是小孩子在搞怪，蛮可爱的。这使得菲菲的日子过得很顺心。

菲菲之所以会有这么大的变化，肯定是和心理有关。冲动情绪是心理烦躁、生气的外在表现，讨厌一个东西或人时，你的情绪就会无限地把讨厌放大。而心中对其产生好感时，原本的讨厌也会一扫而空，情绪也会因此而改变许多。

生活中我们总会因为一些事情而陷入烦恼之中。烦恼虽然只是一

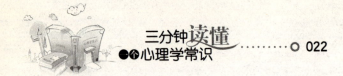

种情绪，但却具有极大的破坏力。人在烦恼时，很容易冲动。在心理学上，冲动是指一种爆发强烈而短暂的情感状态。人一旦冲动起来，意志力就会变得很薄弱，判断力、理解力都会因此而降低，理智和自制力也容易丧失。

心理学家发现，缺少自信的男人比较容易产生冲动情绪，这种冲动实际上是他们一种错误的自我保护。如果一个男人不能自我肯定，对自身的价值不认同，他就会觉得自己是被别人瞧不起的，是受威胁的，这种心理常态的表现是怯懦、退缩。但是，遇到偶然的触发事件，却很容易引发出失控的冲动情绪，比如野蛮、愤怒，当事人在非理智状态下，能感受到反抗的快感，实际上是潜在的一种心理补偿。

人们常说，"冲动是魔鬼"。日常生活中，冲动会摧毁一个人的情感、意志、品性，许多人都会在情绪冲动时做出令自己后悔不已的事情来。因此，学会有效管理和调控自己的冲动情绪，是一个人走向成功的前提。那么，怎样控制自己的冲动呢?

1. 先冷静下来

当某一事件触发了你强烈的情绪反应，在表达出情绪之前，先为自己的情绪降降温，比如在心里对自己说："我三分钟后再发怒。"然后在心中默默地数数。不要小看这三分钟，它在很大程度上可以帮助你恢复理智，避免冲动行为的发生。

我们要学会冷静对待，远离冲动。学会在冲动将要爆发的时候，将自己抽离出来，镇静片刻，事情会变得缓和很多。

2. 对事件进行重新认知

有时候人的冲动是由于对事件的认知不正确所造成的。错误的认知导致错误的情绪，错误的情绪导致错误的行为。人是很情绪化的动物，当人情绪好的时候，人的思维就活跃、行动就积极、对人也友好，因此，做事和学习都容易成功与快乐。而情绪不好，就很容易冲动，做出过激的行为。

比如一个人丢了钱，当他认为自己是委屈的，是受害者时，他便会看谁都像是做贼的，而且越发地讨厌他原来就不太喜欢的人，并且越来越怀疑是对方偷了自己的钱，导致自己陷入了愤怒之中。当他再次看到那个被他怀疑的对象时，他很有可能因为一时的冲动，而和那人大打出手；而当他认识到自己不应该因为丢钱而破坏自己的情绪，更不应该为这件事而胡乱猜测别人时，他便对丢钱事件有了正确的认知，他的情绪也会因此好转，再看原来怀疑的对象，也觉得是自己原来多虑了。

3. 饮食调理情绪

爱睡懒觉和爱吃垃圾食物的人容易出现暴力倾向。而多吃富含ω-3脂肪酸的鱼肉能令人减少冲动、保持冷静。富含ω-3脂肪酸的食物有深海鱼类，如鲑鱼、鲭鱼、鱿鱼、大比目鱼、沙丁鱼；植物有亚麻子、坚果等。

4. 运动制怒

运动是有效解决愤怒的方法，尤其是多参加户外活动，主动做一些消耗体力的运动，如登山、游泳、武术或拳击等，使不快得以宣泄。所以，当你感觉自己的情绪无法控制时，可以选择做一些运动，让冲动的情绪随着汗水一起流淌掉。

心理常识：从众效应

从众效应是指人们自觉不自觉地以多数人的意见为准则，作出判断，形成印象的心理变化过程。

通常，群体的意见、行为总是或多或少地表现出对个体意见、行为的约束，这种约束力量就是群体压力，它的大小与群体的数量成正比。这是一种追随别人行为的常见心理效应。积极的从众效应可互相激励情绪，作出勇敢之举；消极的从众效应则互相壮胆干坏事——比如看到别人乱穿马路，不少人也跟着走捷径。"一人胆小如鼠，二人气壮如牛，三人胆大包天"，反正

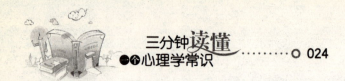

人多，不用自己担多大责任。现在的股市、基金市场就是如此，赔也不是赔我一个人。

悲观是缠人的消极情绪

出门担心下雨，赶火车担心误点，考试担心想不起答案，演讲担心忘词，恋爱担心被甩……悲观者似乎总在和各种各样的焦虑作斗争。

悲观除了消磨一个人的雄心、意志，使人自暴自弃、伤心抑郁之外，恐怕不会有什么好作用。其实，人生是很漫长的，即便起步时迟缓了一些，或走了点弯路，状况一时不如人，也不用过分悲观消极，这远不足以决定一个人的一生。好比一个优秀的长跑运动员，刚起跑时，比别人慢了一些，并不要紧，只要他攒足劲，加加油，照样可以赶上，甚至超过前面的人，最终可能拿到金牌。

自然，看到许多人比自己强，毕竟是一件令人惭愧的事。但是，消极悲观是没有用的，相反，我们应该振作起来，冷静地反思一下造成自己落后的原因。如果一味地消极悲观，只会让我们错失一次又一次的好机会。

小翠是一个很悲观的人。上学时，她觉得自己很笨，别人学习时，她一个人就在桌子旁愣神，认为自己努力也没有用，努力也不会考出好成绩。所以，根本就不努力学习，成绩也总在中下游徘徊。参加工作了，领导让所有下属职员做一份企划书，然后择优启用。而小翠认为老板平时不喜欢自己，所以，即使做得好，也不会被启用，正因为有这样的想法，她根本就没有认真地做那份关系着升职的企划书。

像小翠这样存在悲观心理的人，通常会认为自己缺乏机遇、缺乏赏识，以至于会"注定的"一事无成。本身定位过于消极，会使当事人由于缺乏对于"成功"的期待，而倍加恐惧失落，从而在自怨自艾中无法竭尽全力，甚至拒绝努力。

生活中，有不少悲观的人，他们对自己的评价都是消极的，特别是在命运转折的关键时刻，这样的消极评价表现得更为突出。他们觉得自己有很多缺点，缺乏知识和能力，觉得自己不健全、不中用、无价值，觉得自己一无是处，脑子里盘旋的总是"我不行"、"这件事我肯定要办砸了"、"我肯定不如别人"等等消极想法。这些消极的自我评价像一面魔镜，能把一丁点的错误或缺憾放大为巨大的人格失败的象征，使人陷于自卑而不能自拔。

生理疾病或外界刺激也都会引起消极情绪。

不管是哪一种原因，心理功能失调是情绪障碍的根本所在。因此，克服消极悲观情绪应先调节心理。那么，如何使情绪不再消极呢？

1. 让自己忙起来

想到心情不好就会心情不好，那就不用想它。如果还是想，那就让自己忙起来，让自己没有空闲去想它，让自己充实地过好每一分钟。还有早晨醒了以后，不要懒床，醒了就起来，推开窗，呼吸清晨的新鲜空气，对人的心理健康也有促进作用。

2. 要懂得自我安慰

当一个人追求某项目标而达不到时，为了减少内心的失望和挫败感，可以找一个理由来安慰自己，就如狐狸吃不到葡萄说葡萄酸一样。这不是自欺欺人，偶尔作为缓解情绪的方法，是很有好处的。

3. 培养幽默感

幽默是一种特殊的情绪表现，也是人们适应环境的工具。具有幽默感，可使人们对生活保持积极乐观的态度。许多看似烦恼的事物，用幽默的方法对付，往往可以使人们的不愉快情绪荡然无存，立即变得轻松起来，让人有个好心情应对不同的环境。

4. 自我激励

这是用理智控制不良情绪的又一个良好方法。恰当运用自我激励，可以给人精神动力。当一个人在困难面前或身处逆境时，自我激励能使你从困难和逆境造成的不良情绪中振作起来。

5. 自制

我们可以透过自制的方法抚平消极情绪，保持清醒和主动，这才是成熟的心理管理。自制并不等同于压抑，因为前者是自觉的行动，后者是迷失的反应。

6. 在人多的地方积极发言

在我们周围，有很多思路敏锐、天资颇高的人，却无法发挥他们的长处参与讨论。并不是他们不想参与，而是害怕这害怕那，对自己缺乏信心。的确，面对大庭广众讲话，需要巨大的勇气和胆量，但这也是培养和锻炼自信的重要途径。

从积极的角度来看，如果尽量发言，就会增加信心。不论是参加什么性质的会议，每次都要主动发言。有许多原本木讷或有口吃的人，都是通过练习当众讲话而变得自信起来的，因此，积极发言是使有消极悲观情绪的人坚强乐观的"维他命"。

心理常识：贝尔效应

英国学者贝尔天赋极高。有人估计过他毕业后若研究晶体和生物化学，定会赢得多次诺贝尔奖。但他却心甘情愿地走了另一条道路，把一个个开拓性的课题提出来，指引别人登上了科学高峰，此举被称为贝尔效应。

这一效应要求领导者具有伯乐精神、人梯精神、绿地精神，在人才培养中，要以国家和民族的大业为重，以单位和集体为先，慧眼识才，放手用才，敢于提拔任用能力比自己强的人，积极为有才干的下属创造脱颖而出的机会。

让负面情绪为你服务

情绪没有好坏，只要你善于利用，每种"负面"情绪都能给人一份推动力，推动当事人去作出行动。这种推动力或者是指出了一个方向，也可能是给予了一份力量，有的几乎是两者兼备。因而我们所认定的"负面"情绪也许不像想象的那样讨厌。事实上，它们都能起到非常重要的作用，是完全值得我们予以重视的。

有人说，忧郁是诗人的气质。这是因为，忧郁可成就才华，有许多作家诗人都有忧郁倾向。忧郁的人喜欢凭空想象，而没有幻想能力的人无法拥有优越的创造才华。所以，好好利用忧郁带来的力量，有忧郁性格的人，往往会成为创作大师。

日本作家夏目漱石就患有抑郁症。他第一次发病是在28岁左右，当时他有压抑自己的倾向，容易暴躁、误解他人的行为，甚至怀疑"有密探在暗中调查自己的行为"等妄想倾向。

第二次发病是他在伦敦留学的时候。当时他幻想英国人都在说他的坏话，寄宿家庭也在监视他，并伺机想要陷害他。

忧心忡忡的结果，就是让自己痛苦不已，后来，他竟常常将自己反锁在房间里哭。后来他回到日本，会在半夜里突然情绪激动地起来摔东西。

在他的著作中有这样的记载："在我的脑子里，常常构思着各种

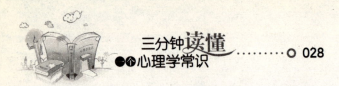
创作，有时自己明明没有说话，但耳朵也会听到有人说话的声音。就这样，新的、旧的全都夹杂在一起，幻影也就不知不觉地出现了。"

夏目漱石第三次发病大约是在他46岁的时候。也就是说，他大约每隔10年发病一次。

造成天才人物在精神方面的疾病并不是那么简单的，这绝对不像普通人的忧郁症。就像夏目漱石自己所说："在我的脑子里，常常构思着各种创作"，这点虽然和普通患有忧郁症的人是一样的，但所不同的是，凡人所创作出来的，并不是好作品。

所以，多增加些自信，有忧郁倾向的人将会有不断的创造源泉。

此外，你还要让自己记住，即使自己的心情烦躁，仍要特别注意自己的言行，让自己合乎生活情理；即使在忧郁状态下，也不要放弃自己的学习和工作，即使是小事，也要采取合乎情理的行动；有忧郁性格的人可尝试以前没做过的事情，拓宽自己的情趣范围，例如文学创作、艺术创作，说不定你天才的创造力就隐藏在其中。

其实，一个人能否成功，问题不在情绪本身，而在于他如何拓展情绪的选择空间，也就是其情绪运用能力的高低。如果你感到自身在情绪上没有选择的余地，那么，"负面"情绪往往要占上风，它将主宰并控制你的思想及行为。当你有了情绪上的运用能力时，你就能对这些情绪产生新的想法并赋予它们新的价值。其实，除了忧郁，现实中很多常见的"负面"情绪，都可以为我们服务。

1. 生气

它经常与我们不喜欢的情况相连在一起，但它是一种高能量的情绪，可以用来帮助我们做出反应并采取行动，可使我们克服那些本不可逾越的障碍和困难。生气就是"鼓气"，一鼓作气才能成功！

2. 害怕

不甘愿去付出本来自己认为需要付出的，或者觉得付出的大过可得到的。它促使我们对所期望的东西重新进行评价及对实现期望所采取的方法进行重新调整。

3. 悲伤

一种能促进深沉思考的反应，能更好地从失去中取得智慧，从而更珍惜目前拥有的。

4. 恐惧

一种高能量的情绪，恐惧可提高神经系统灵敏度，并能使意识性增强，这对我们提高对潜在问题的警觉性很有帮助。它可使我们获得本不能得到的信息，它还使我们具有迅速做出反应和在必要情况下逃避的能量。

5. 忧虑

一种高能量的情绪，它把注意力集中在一个就要发生，但后果令我们担心的事件上，让我们处于精力集中的状态并将变成兴奋，为我们提供为该事件做好准备的能量。

6. 内疚

这是一种与评估是非对错连在一起的情绪。如果我们没有其他的方式评估与价值有关的行为的话，内疚可限制我们的选择范围。明白了这个道理，我们就能用更富有建设性的评估方法来取代内疚。

7. 失望

发生在所期望的目标已确定但又没有实现的时候，是一种能促使对期望做出重新评估及对实现期望目标所采取的方法做出重新调整的信号。

8. 后悔

找出一个得不到最好效果的做法中的意义，提醒我们，要找出一个更有效果的做法，同时让我们更明确内心的价值观排序。

相信上帝为我们安排的所有情绪总是有正面意义的，因为每种情绪本身就是一种推动力！

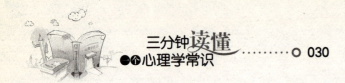

心理常识：最小苦恼和最大受益定律

对事情和局势的不同阐释触发不同的情绪。不同的认知导致不同的感觉。最小苦恼和最大受益定律讲的是人们倾向于通过对事情的重新解释来减少负面情绪，从而让自己得到更多。比如，我们可以想象信用坏记录对自己没有影响，来降低对信用违纪的恐惧。也就是说，哪种解释让我们情绪好受，我们就会倾向采用哪种解释。比如，我们可以认为，愤怒可以让他人退避，悲伤可以引来帮助，恐惧可以让我们不轻易犯险等等。

努力增加积极情绪以抵消消极情绪

每一天我们都会有情绪高涨和情绪低落的时候。早晨起床的时候你可能心情不错，也可能心情很糟，但随着时间的推移和周围环境的改变，比如繁忙的公共交通、拥挤的超市、晚开的会议、错过的会议、不高兴的人、尖叫的孩子……其中每一种因素都能使你的情绪发生变化。

有些变化是积极的，你意识到自己可以从中汲取经验，或者你可以将其转化利用。当然，也有很多变化不是积极的或者有建设性的，它们会使你感到伤心、不愉快、震惊、忧郁或者沮丧。遇到这种情况，你应该尽快找到摆脱负面情绪的办法，让自己迅速恢复活力。

弄明白什么能够改变自己的情绪，是使自己的情绪迅速改观的好办法。美味的食品、轻柔的音乐，还是找知心的朋友聊聊天？阅读、散步、一个深呼吸，还是一声毫无顾忌的大喊？

情绪消极的时候，都要从这些"镇静剂"中选一两种试试，直到找到最合适的为止。一旦找到了，你应该想个办法，以便能够随时运用这种"治疗方法"。比如，随身携带一个下载有自己喜欢歌曲的MP3；准备一些单独包装的苦巧克力块，这样你可以吃上一小块提提神而不会腰围变粗；边做深呼吸，边绕街区快步走，据说这种方法能够防止小烦恼转变成大问题。

所有这些办法都花不了多少钱或者根本不花钱，而且可以在任何地方任何时间使用。单单因为知道自己随时有办法解决情绪波动，就足以让你心情平静、心理平衡。知道自己能控制局面，可以从一开始就防止情绪变化。走到哪里都带上你的"镇静药盒"，以便以最快的速度使自己摆脱负面情绪，找回快乐的自我。

我们可以努力增加积极情绪以抵消消极情绪。具体方法有很多，比如多交朋友，在人际交往中感受快乐；多立些小目标，小目标易实现，每实现一个小目标都会带来愉悦的满足感；学会辩证思想，从容对待挫折与失败等。以下是调节情绪的妙法，希望对你能有帮助。

1．幽默法

幽默是避免人际冲突，缓解紧张的灵丹妙药。生活中要保持多笑勿愁，经常幽上一默，既可以给他人带来快乐，也可使自己心安理得，心境坦然。

2．转移法

遇到不如意、不愉快的事情，可以通过做另外一件事来转移注意力，如有意识地去听听音乐、逗逗孩子等。这是积极地接受另一种刺激，即转移大脑兴奋灶的好方法。

3．放松法

心情不佳时，可通过循序渐进自上而下地放松全身，或通过自我按摩等方法使自己进入放松状态。然后面带微笑，抛开面前不愉快的事不去想，而去回忆自己曾经历过的愉快情境，从而消除不良情绪。

4．升华法

就是把不良情绪引向崇高的境界。如司马迁在遭受奇耻大辱的宫刑

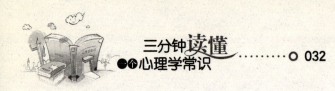
（阉割生殖器）后，把全部精力放在了著述《史记》上，终成一代史学大师。

5. 制怒法

发怒，是人遭到挫折时产生的一种紧张情绪。其程度有不满、生气、恼怒、激怒、愤怒、暴怒。常发怒损害身心健康，甚至引起身心疾病。因此，需用心理学方法巧妙制怒。在遇到令人愤怒的事情时，先想一想发怒有无道理，再想一想发怒后会有什么后果，最后想一想有没有其他方式来代替？这样想过后就会变得理智起来。

6. 主动释放法

把胸中的不愉快情绪，向你认为合适的人全盘托出。也可考虑与使你不愉快的人交换意见，把话说开，这样就会感觉很坦荡。或者，干脆大哭一场，让所有的不愉快都随泪水流走。

心理常识：情绪惯性定律

时间并不能抚平所有伤痛——即使它能，也不是直接见效的。曾经发生过的事情会在很长一段时期对我们的情绪产生影响，除非我们重新体验或重新审视它们。正是重新体验和重新定义的结论，才能减少曾经发生过的这件事对情绪的影响。这就是为什么在没有更新体验的情况下，比如考试失败或者求爱被拒之类，会在头脑中缠绕纠结、久久不去的原因。

识人心理学

——用心观察，你就能洞悉他人的内心

哈佛大学心理学教授西那斯说："人们常常是嘴里说着一件事，但脑子里想的却是另一件事。"据统计，人类平均每10分钟的对话中，就会出现谎言；跟陌生人谈话时，绝大多数是言不由衷的话。要想看穿人的内心，就要掌握全方位的、多层面的看人识人的技巧和方法。

表情能反映人的心情变化

有人说世界上最善良的是人，有人说世界上最残酷的是人，还有人说世界上最琢磨不透的也是人……总之，对于人的看法，人们众说纷纭。但是，有一点大家是有共识的，人是一种非常复杂的动物。

尽管人很复杂，但人类的心理活动却会通过表情使其内心的想法表面化。也就是说，人类的表情往往在自己无意识时传达着其内心的感受。所以，凭面部表情来推测和判断一个人的内心感受和心理状态，是有一定的科学依据的。

但是，我们不得不说，人类在长期的生活实践中，学会了掩饰内心真实情感的手段，这种手法在现代商业谈判中屡见不鲜。洽谈业务的双方，一方明明在很高兴地倾听对方的陈述，且不时点头示意，似乎很想与对方交易，对方也因此对这笔生意充满信心。没想到对方最后却表示："我明白了，谢谢你，让我考虑一下再说吧。"这无疑给陈述方当头浇了一盆凉水。

作为社会中的一分子，一天当中我们有多半时间都在同形形色色的人打交道。这些人当中，有知心朋友，也有竞争对手，在通常情况下，我们要想识别他们，没有经过相当程度的对人内心活动的研究，是不太容易探视出他人的真实目的的。

虽然人很复杂，但并不是说不可识别。毕竟，世上任何事情都有

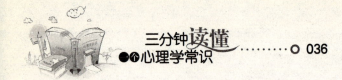

踪迹可循，有端倪可察，人也是一样。单单通过人的表情就可以推测出人的内心。比如看到别人眉开眼笑，我们知道这是内心高兴的表现；看到对方义愤填膺、怒发冲冠，我们知道这是对方发脾气的伴奏曲；看到对方说话吞吞吐吐、支支吾吾，可以想见其中必有隐情或不可告人的秘密；看到对方说话笔筒倒豆子——直来直去，可以知道对方是个爽快之人；一个人目光呆滞、神情冷漠，必是受了什么打击所致。

著名心理学家弗洛伊德说："人其实是毫无秘密可言的。"他的意思是说，人的内心思想是掩藏不住的，如果你是一个懂得观察的有心人，就很容易洞悉他人的内心秘密。

人的面部可以表现出不计其数的复杂而又十分微妙的表情，并且表情的变化十分迅速、敏捷和细致，可以真实、准确地反映情感、传递信息。要引起他人的注意，完全可以通过面部表情的变化表达出来，在你未开口之前对方就从你的面部表情上得到了一定的信息，对你的气质、情绪、性格、态度等有所了解了。所以，有句俗话说得好，看人先看脸，见脸如见心。

高兴的表情显示出人们的欢欣喜悦；扭曲夸张的表情却表达出他的愤怒之情；喜怒无常的表情是嫉妒别人的表示。

我们常常说的"脸色"，不是指静态的长相，而是指动态的面部表情。面部表情是一种丰富的人生姿态、交际艺术。不同的人的脸色，又可以成为一种风情、一种身份、一种教养、一种气质特征和一种表现能力。脸上泛红晕，一般是羞涩或激动的表示；脸色发青发白是生气、愤怒或受了惊吓而异常紧张的表示。脸上的眉毛、眼睛、鼻子和嘴，更能表示极为丰富细致而又微妙多变的神情。皱眉一般表示不同意、烦恼，甚至是盛怒；扬眉一般表示兴奋、惊奇等多种感情；眉毛闪动一般表示欢迎或加强语气；耸眉的动作比闪动慢，眉毛扬起后短暂停留再降下，表示惊讶或悲伤。

等到一个人的表情尽显无遗时，他的话语也会随后而至。如果一个人说话时，语气非常愉快，但是，脸上却没有相应的神色出现，那么，他的话就是违心之语；如果一个人说不清楚他想要表达的意思，但是却露出诚恳可信的神色，那么，他可能不善于口头表达；如果一个人话还没有出口，已经怒气冲冲了，那么，他的心里一定是非常愤怒的；如果一个人说话时吞吞吐吐，但是，他愤怒的神色却是显而易见的，那么，他是在做无奈的忍耐。

工于心计，或郁郁寡欢的人，如林黛玉，遇到点事就往不好的方面想，长久如此，气血不舒，五脏不调，六神无主，如此身体状况，脸上必定青黄蜡瘦，暗淡无光，表情也自然不会清爽喜庆了。

总而言之，人的外在表现都是内心情感的一种流露，所谓"喜形于色"就是这个道理。只要留心观察，就能练就"读心术"。

心理常识：马太效应

《圣经·马太福音》中有这样一个故事：一个富翁给他的三个仆人每人一锭银子去做生意。一年后他召集仆人想知道他们各自赚了多少，其中第一个人赚了十锭，第二个人赚了五锭，最后一个人用手巾包了那锭银子，捂了一年没赚一个子儿。这位富翁就命令后者把那锭银子交给赚钱最多者。凡有的，还要加给他叫他多余；没有的，连他所有的也要夺过来。

1973年，美国科学史研究者莫顿用这句话概括了一种社会心理现象："对已有相当声誉的科学家做出的科学贡献给予的荣誉越来越多，而对那些未出名的科学家则不承认他们的成绩。"莫顿将这种社会心理现象命名为"马太效应"。

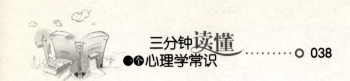

通过眼睛洞穿人的心灵

心之所想，不用言语，从眼神中就会找到答案，这是每个人无法隐瞒的事实。常常有这种情况，有些人口头上极力反对，眼睛里却流露出赞成的神态；有些人花言巧语地吹嘘，可是眼神却表现出他是在撒谎。

有一位成功的律师曾经这么说过，判断证人在法庭上作证的可靠性，要注意他眼睛的动向。满脸佯装微笑的证人，注意他的眼睛，会发现那是一双不安的眼睛，根本没有笑的神志。如果眼睛真的在笑，心也会随之轻松。但是，对证人来说，面对紧要关头，心情没法放松，眼睛也就根本不可能真的笑，所以，证人的话值不值得信赖，一定要看他的眼睛给我们传达的信息再做判定。

眼能传神，演技绝佳的演员眼睛的表演也是相当重要的。如果一个演员的眼睛不会"说话"，那他很难成为一个优秀的演员。倘若某个歌手演唱时目光呆滞，那他绝不可能成为明星。

希腊神话中有一个故事中说有三个姐妹，其中有一个叫美杜莎，外人只要一接触到她的目光，便立刻化为石头。这个故事在于说明眼神的威力。人们在日常生活和工作中，如果完全不注意别人的眼睛，就无法了解对方内心世界的微妙变化。事实上，人们无法彻底隐瞒心事，即使有人摆出一副无表情的脸孔，但它并不能维持长久。

如果面对异性，只望上一眼，便故意移开视线的人，大都是由于对对方有着强烈的兴趣。譬如，在火车上或公共汽车上，上来一位年轻貌美的女性，所有人的眼光几乎都会集中在她身上，但年轻的男性往往会很快把脸扭向一旁。他们虽然也非常感兴趣，不过基于强烈的压抑作用而产生自制行为。假使兴趣欲望增大时，便会用斜视来偷看。这是由于想看清对方，却又不愿让对方知道自己的心思的缘故。

不相识的人，彼此视线偶尔相交的时候，便会立刻撇开。这是由于人们觉得，一个人被别人看久了，会觉得被看穿内心或被侵犯隐私权。而当我们在路上行走时，发现陌生人一直盯着我们，必定会感到不安，甚至会觉得害怕。相识者彼此视线相交之际，即表示为有意进行心理沟通。

对方是否在看自己，有无视线接触，都能说明对方是否关心你所说的话题。如果对方完全不关注你，那说明他不关心你的话题，正在想其他的事，或者是因为时间关系，想离开此地，总之，他是想尽快结束这个话题。

眼睛的清浊程度，也能折射出人的心理活动特征。经常睡眼惺忪的人，会显得很慵懒，无法给人积极向上的感觉；而眼睛雪亮、目光炯炯的人，自然显得聪明伶俐。除此之外，我们还应该知道，正视，代表庄重；斜视，代表轻蔑；仰视，代表思索；俯视，代表羞涩；闭目，代表思考或不耐烦；目光游离，代表焦躁或不感兴趣；瞳孔放大，兴奋、积极；瞳孔收缩，生气、消极。

眼泪，是眼睛的保护液。正因为眼睛能表达情感，眼泪也更能陪衬出情感表达的深度和力度。一个人在极度伤心时，流出的是极其悲哀的泪水；在遇到意外惊喜时，流出的是惊诧、狂喜的泪水；碰到高兴的事时，流出的是欣喜的泪花；最让人琢磨不清、最有力度的就是情人的泪水了，它能让七尺刚强男儿柔情万种，且无怨无悔。

我们还要明白眼睛的一种动作——挤眼睛，它是用一只眼睛使眼色表示两人间某种默契，它所传达的信息是："你和我此刻所拥有的秘

密，任何其他人无从得知。"在社交场合中，朋友相互挤眼睛，是表示他们对某项主题有共同的感受或看法，比场中其他人都接近。陌生人间若挤眼睛，则无论如何，都有强烈的挑逗意味。由于挤眼睛意含两人间存有不足为外人道的默契，自然会使第三者产生被疏远的感觉。因此，不管是偷偷或公然的，这种举动都被重礼貌的人视为失态。

孟子曾作过精辟的阐述，说明眼睛是判断人心善恶的基准。他说："存乎人者，莫良于眸子。眸子不能掩其恶。胸中正，则眸子嘹焉；胸中不正，则眸子眊焉。听其言也，观其眸子，人焉瘦哉？"这段话的意思是：观察人的方法，没有比观察人的眼睛更好了。眼睛不能掩盖人们内心的丑恶。一个人心中正直，眼睛就显得清明；心中不正直，眼睛看上去就不免昏花。听一个人讲话，观察他的眼睛，这个人内心的好坏又怎么可以隐藏得了呢？所以，我们说眼睛是洞穿心灵的窗户，能表现人的心理内容。

心理常识：定势效应

心理定势指的是对某一特定活动的准备状态，它可以使我们在从事某些活动时能够相当熟练，甚至达到自动化，可以节省很多时间和精力；但同时，心理定势的存在也会束缚我们的思维，使我们只用常规方法去解决问题，而不求用其他"捷径"突破，因而也会给解决问题带来一些消极影响。

不仅在思考和解决问题时会出现定势效应，在认识他人、与人交往的过程中也会受心理定势的影响。国外有心理学家曾做过这样一个经典的关于"心理定势"的实验：研究者向参加实验的两组大学生出示同一张照片，但在出示照片前，向第一组学生说：这个人是一个怙恶不悛的罪犯；对第二组学生却说：这个人是一位大科学家。然后他让两组学生各自用文字描述照片上这个人的相貌。

第一组学生的描述是：深陷的双眼表明他内心充满仇恨，突出的下巴证明他沿着犯罪道路顽固到底的决心……

第二组的描述是：深陷的双眼表明此人思想的深度，突出的下巴表明此人在认识道路上克服困难的意志……

对同一个人的评价，仅仅因为先前得到的关于此人身份的提示不同，得到的描述竟然有如此戏剧性的差距，可见心理定势对人们认识过程的巨大影响。

衣着打扮表露人的个性特点

很久以前，衣服是用来御寒的。后来，衣服逐渐具有了装饰功能。从一个人的着装上，往往能够反映出这个人的性格特点和内在气质。一个人的衣服能够给人们发出一些很有意思的信号，懂得了所穿衣服的特定含义，对于人们了解某个人、认识某个人会起到较好的帮助作用。

当我们连续多次看到一个女孩儿穿着红色的衣服，我们可能会猜测，这个女孩儿一定非常喜欢红色，而红色给人明艳、奔放、热烈的感觉，那么，这个女孩儿也应该具有热情、活泼、开朗的个性。这样的一个过程，实际上就是从我们对颜色的视觉感知开始，到运用逻辑思维进行的推理判断。

一般说来，人们对衣服折射心理的了解多表现在色彩上：常穿白色的人高贵纯洁，但不可靠近；喜欢紫色的人情感比较浪漫；喜欢黄色的人天真烂漫；喜欢蓝色的人诚恳真挚，富有幻想；喜欢黑色的人抑制感情但渴望关怀爱护……但是这样的分类都过于简单，衣服所表现出的心理要比这些复杂得多。"衣服是人的第二皮肤"，衣服的颜色、质料、款式都能反映人的心理状态。

穿着违反社会习俗服装的人，是典型的个人主义者。他们个性突

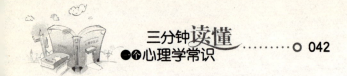
出，往往有着与他人截然不同的衣着打扮、思维方式等等。他们在人际交往过程中，不善于营造和谐、融洽的气氛，大多数人是不喜欢这类人的。

喜欢穿具有浓郁的民族风格、地方特色衣服的人，具有较强的自主意识，看事情都能够从自己独特的思维、视觉等角度出发，凡事喜欢理性思考，经过分析后，再做出选择。这一类型的人通常具有浓厚的艺术细胞，喜欢我行我素，不被他人限制，同时他们还具有敢冒风险的精神，有胆有识。如果不出现什么意外，自己又肯努力，将会在某一领域做出一定的成绩。

衣着华丽的人，有强烈的自我显示欲。

穿着朴素无华、只求舒服的人，他们的性格平和，喜欢无拘无束，喜欢从事伸缩性较强、自由活动空间较大的工作。这类人大多懂得享受生活。他们对生活的态度比较随便，不会苛刻地要求自己。他们比较积极和乐观，也有一定的进取心，能很好地安排工作、学习和生活，做到劳逸结合，他们会在比较轻松惬意的氛围里把属于自己的事情做好。

穿着追求时尚的人，他们多是有较敏感的时尚观念，能够很快跟上流行的脚步，他们对新鲜事物的接受能力也是很强的。但多是生活阅历比较浅，没有经历过生活磨难的洗礼的人，他们都比较脆弱，一旦遭遇挫折将不堪一击，容易妥协或做出让步。

如果一个人突然改变服装嗜好，表示心理上受了很大的刺激，心情产生了变化，与这种人相处，就要注意了，千万不要哪壶不开提哪壶。当然，也有可能是接受了新的美丽理念，有了新的美丽构想，希望给人另一种感觉。

日本东京都立大学人文科学院心理学博士、心理学教授涩谷昌三，在其专门研究非语言的沟通与空间行动学多年的基础上提出，一个女性对于服装的选择，其中隐含了很多个性化的心理特点。

心理研究表明，喜欢穿男性化职业装的女人往往表现出这样的心态：她们希望像男性一样工作，以实力决胜负，不靠女性的身份博得特权。对工作充满热情、上进心很强的人，自己的主张和与别人竞争的意识都很强烈。这类女性在离开工作场合之后，往往会解除对自己的限制，行为举止变得很淑女。

而工作时喜欢穿得很女性化的人，是把自己视为女性来投入工作的，她们希望运用女性特质赢得成功。她们有冷静计算以求得生存的特点，和外表呈现的柔弱很不一样，可以算做潜意识里很有征服欲的人。

服饰风格是可以看出一个人的喜好和性格的，但服装和物品的颜色却更能提示人物的内心世界。

喜欢穿红色服装的女性被认为是"具有丰富愿望的年轻型"，生活中她们常常感到不满足，富有冒险精神，追随流行时尚，但其变幻无常的性情常常令人捉摸不透。

喜欢绿色的女性被认为是"坚韧实际的母亲型"，生活中她们安于现状，行动慎重并很努力，但害怕冒险和超前，性格内向且常常压抑自己的欲望，在感情方面羞于主动。

喜欢橄榄色饰物的人：性格压抑，对待任何事物都喜欢往坏处想。她们比较脆弱，但心地善良，富于同情心。

喜欢紫色饰物的人：喜欢给人一种神秘的感觉，具有艺术家的气质，但常常处于一种自我满足的状态是其最大的缺点。

喜欢褐色饰物的人：性格坚强，即使目前生活艰难，也不会放弃理想。但个性过于呆板是其最大的缺点。

喜欢暗红紫色及暗褐色、黑色饰物的人：性格内向，不喜欢交往。即使交往，表现在人面前的也不是其真实的性格。这种人心里有些无法愈合的心灵创伤或痛苦回忆，导致其对人对事不喜欢表露真心。

喜欢灰色饰物的人：性格欠缺勇气，没有主见，追求高雅，有较强的审美观，性格中有贵族气。如果买东西，叫这种人帮你参谋是不会错的。

值得一提的是，注重服装色彩并喜欢复杂衣饰的人，往往比较讲

第二章 识人心理学

究实际、有自信心，但爱支配人、感情易冲动，易陷入虚荣歧途；喜欢浅色服装和简单衣饰的人，性格常常比较内向、生活朴实、温和淑静，但容易缺乏自信、依赖心理较强，不善于独立行动。由于有的人在挑选穿哪件衣服时，会受当时心情的影响，所以，从一个人每天换穿的衣服上，往往会看出他当天的心情。

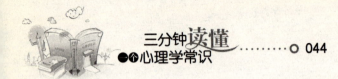

心理常识：轰动效应

轰动效应是一个通过引人注目的事件，达成轰动的社会效应。如一个美女，偏要找个最丑的丈夫，让别人吃惊。或某人有意做件荒唐事，造成社会轰动。轰动效应的达成，一靠媒体传播，二靠口头传播。

明星婚恋等事件，经新闻媒体传播，往往会出现轰动效应。也有的轰动效应是世间出奇的事件引起的。一般说来，积极的轰动效应无损于他人与社会。但某些人出于不可告人的目的，捏造他人的谣言，揭露他人的隐私，传播有损他人声誉的绯闻，显然，这是侵犯人权并有害于社会稳定的。

谈吐会泄露出人的内心世界

语言仅仅作为交际工具时，其字词本身并不涉及态度指向，但语言运用于意识形态话语，并存在于具体的语境中时，这些字词，就极容易唤起接受者的各种情绪。听者能够从一个人说话的内容和语调中摸索出说者的性格特点。

分析判断人的言语，是洞察人的心理奥秘的有效方法。从一定的意义上说，言语是一种现象，人的欲望、需求、目的是本质。现象是表现本质的，而本质也要通过现象表现出来。

言语作为人的欲望需求和目的的表现，有的是直接明显的，有的是间接隐晦的，甚至是完全相反的。对于那些直接表达内心动向的语言来说，每个人都能理解，正常的、普通的人际交往，就是以这种语言为媒介进行的，无须赘述。而那些含蓄隐晦甚至以完全相反的方式表现心理动向的言语，就不是每个人都能理解的了。人与人的差别，大多就表现在这里。若能够知一反三、触类旁通，反过来想想，倒过来想想，增加点参照物，减少些虚假的东西，最后透过言谈话语，发现人的深层动机，那就说明，你比别人聪明得多。

语言是在劳动与交往中产生的，它不仅是人进行思考、表达思想与感情的工具、人际交往的工具，而且语言也能表现一个人的个性特征。而心理语言学就是研究语言活动中的心理过程的学科，它涉及人类个体如何掌握和运用语言系统，使其在实际交往中使语言系统发挥作用，并且能够从别人的话语中了解其心思。

言语行为和人的其他一切行为一样，也是对刺激的反应，是联想的形成、实现和改变，是借强化而获得的。这样，心理语言学的理论基本上是行为主义学习理论在言语活动中的具体表现。

从说话内容上来分析，一个人说话条理清楚、语言明快，往往说明一个人干练、沉稳；语句拖拉、不分重点，往往说明一个人思维迟缓，做事抓不住重点；语言热烈而流畅，说明一个人热情、自信；语言冷淡而尖刻，说明一个人为人处世锋芒毕露，盛气凌人。

在口头语言方面，根据一个人的说话多少、说话方式、说话声音与风格、说话内容的真诚与否，可以看出一个人的个性特征。说话慢条斯理者，往往说明性格沉稳、不急不躁；健谈者往往说明性格外向、开朗，善于交际，也可能说明过于自负，爱表现自己；信口开河者往往表现缺乏自控力，不负责任或哗众取宠；沉默寡言者，往往性格内向，不善交往，或怕负责任，或是一种怯懦、多疑、孤独的表现。一个人说话

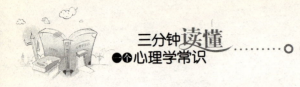

和行为是否一致，往往可以表现出一个人诚实或虚伪的特征。

当然上述从语言判断一个人的个性，只是一般而论，而不能一概而论。

《礼记》中谈到内心与声音的关系。《礼记·乐记》云："凡音之起，由人心生也。人心之动，物使之然也。感于物而动，故形于声。声相应，故生变。"对于一种事物由感而生，必然表现在声音上。人外在的声音随着内心世界变化而变化。所以说"心气之征，则声变是也"。

一个人若是心里平静，说话声音、语调自然就均匀顺畅。一个人若是心胸豁达，和蔼可亲，说话就会有清亮和畅的声音。如果一个人内心狭隘，言语之间必有偏激之声。内心不诚实的人，说话难免会支支吾吾，这是心虚的表现。内心卑鄙乖张的人，心怀鬼胎，因此，他的声音阴阳怪气，听起来必定非常刺耳。内心宽宏柔和的人，说话声音温柔和缓，如细水长流，不紧不慢，听者如沐春风。当一个人心中不安或恐惧时，说话速度就会变快，并且层次错乱。

一个人说话声音很小，说明这个人不是很自信，缺乏安全感，是个胆小、怯懦之人。当然，也有先天说话声音就是提不上去的人。

大声说话的人，如果不是表达自己不满情绪，或者是处在混乱情境中的话，那么，他是属于明朗、爽快之人，待人真诚，从不说假话，有什么说什么，但也正是由于说话直来直去，常常在无意中得罪人，虽然他也意识到了这点，但他绝对不会因此而改变自己的说话方式。另外，他们人品正直，做事光明磊落，偷偷摸摸做事不是他们的风格。他们组织能力强，有责任心，值得信赖，因此，特别适合领导者的职务，如果他们有幸走上领导人位置，必定会将自己的才能发挥到极致，从而使事业蒸蒸日上。

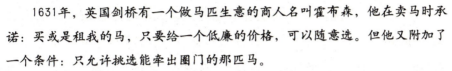

1631年，英国剑桥有一个做马匹生意的商人名叫霍布森，他在卖马时承诺：买或是租我的马，只要给一个低廉的价格，可以随意选。但他又附加了一个条件：只允许挑选能牵出圈门的那匹马。

其实这是一个圈套。他在马圈上只留一个小门，大马、肥马、好马根本就出不去，出去的都是些小马、瘦马、懒马。显然，他的附加条件实际上就等于告诉顾客不能挑选。大家挑来挑去，自以为完成了满意的选择，其实选择的结果可想而知。这种没有选择余地的所谓挑选，被人们讥讽为"霍布森选择"。

习惯性动作会无声地表露人的内心

在心理学里，一个"点"，往往可以洞悉一个人的"全部"。可以通过长相、衣服、饮食、姿态、谈话、态度、习惯、做事等方面的一个具体行为形成对他人的印象，从而作出判断和评价，来认识、了解一个人，这个过程，我们可以称为是"对他人的知觉"，即心理学上的"认知他人"。

人体是一个信息发射站，人的动作、姿势等是一种非文字语言的通讯手段。从人的习惯动作上，就会发现一个人的性格、气度等内在品质。矫揉造作、装腔作势的人，总是故作姿态；傲慢的人，走起路来往往摇头晃脑，目空一切，大模大样；诌媚者，往往是低眉顺耳、卑躬屈膝的样子；谦虚的人往往躬身俯首，愿意虚心向别人请教。

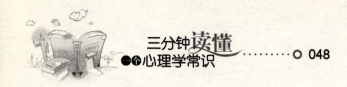

肢体语言往往比口语沟通内容更具可信度。换句话说，要伪装语言符号容易，但伪装身体符号就困难多了。一个人的面部表情和身体姿势、习惯动作，往往更能体现一个人的个性特征。

从吃饭上来说，吃东西狼吞虎咽的人，大部分个性豪放，精力旺盛，办事果断，待人真诚，具有很强的竞争力，但有时会热情过度。吃东西时有脸孔朝上习惯的人，往往反应迟钝，常会为芝麻小事与人争得面红耳赤。吃东西慢慢嚼慢慢咽，一副"泰山崩于前面目不改"的样子，这种人往往不拘小节，凡事大而化之，对别人的过错不大在意，遇事冷静，很少判断错误。

一个人的身态语言的表达，和他的心理因素有莫大的关系。而人类在生理上的差异，必然又会影响到他的心理因素。所以，虽然作为人类共有的身态语言，在它的表达上，也会因性别不同而产生微妙的差异。比如，女性的温柔和男性的刚劲，就是因性别的不同而在身态上表现出来的不同点。另外，除了生理上的因素以外，流传至今的社会观念，以及男女在经济、社会地位和文化教育各方面处于不同的境地中，也对各自身态语言的表达和使用造成了一定的影响，这是无可否认的。

一个人的肢体语言往往能反映其对他人所持的态度。比如握手这个动作。有一种握手方式叫击剑式握手，所谓"击剑式握手"，就是在跟人握手时，不是正常、自然地将胳膊伸出，而是像击剑式地突然把一只僵硬、挺直的胳膊伸出来，且手心向下。很显然的，这是一种令人不快的握手形式，它给人的感觉是鲁莽、放肆、缺乏修养。僵硬的胳膊，向下的掌心，都会给对方带来一种受制约感，因而，彼此很难建立友好平等的关系。所以，我们在与他人握手时，应避免使用这种握手方式。

主动握手者先用右手握住对方的右手，然后再用左手握对方右手的手背。也就是说，主动握手者双手扣住对方的手。这种握手称为"手扣手式握手"，它在西方国家常被称为"政治家的握手"。这种握手方式适用于好友之间或慰问时，它表达出的是热情真挚的信息，但不适于初次见面者。陌生人或异性见面时，用这种方式会让人觉得你有什么企图。

敷衍的人视握手为应付公事。握手仅把手指头伸向别人，毫无诚意可言，说明这人做事草率。粗犷的人握手时比较狂野，这种人意志坚定，秉性刚强。

有的人总是抚弄自己的耳朵，这是一个密谋计策的人的标志，当他计划下一步行动时，就会有这样的表现。这从某一方面说明他是一个正直、有责任感的人，善于运用规则条例，而且往往会获胜。

说话时身体挺直，两腿交叉跷起，表示怀疑和防范。当一个人对某件事情充满期待和渴望心理时，常常会情不自禁地摩拳擦掌。面临选择而犹豫不决时，一些人往往会用手挠脖子，一些人则会用手搔后脑勺。

有的人坐着时不断摇脚，这显示他精力充沛，随时随地准备行动。情绪容易高涨，做事缺乏耐心，脾气火暴急躁，一下子就变得兴冲冲。他很容易哄，也善于取悦别人，只要不需要花太多时间的话。当然，有时候也表示对对方说的话不感兴趣，他觉得很无聊。

坐下时，一只手撑着下巴，另一只手搭在撑着下巴的那只手的手肘之上，且架着"二郎腿"的人，大都不拘小节，面对失败亦能泰然自若。不过，如果你被这种人迷惑住，他会厚颜无耻地逃避责任，甚至对你使出各种利己而卑鄙的手段。

上面所谈到的一个人的身体姿势和动作的特征，可以单独地表现一个人的某一方面的个性特征，也可能配合起来协调一致地起作用，表现一个人的独特风格。

应该注意的是，在重视个性心理的外在表现时，不要忽视了解性格的其他方面的表现。因为在实际生活中，人的心理个性的外在表现具有不确定性，不能仅根据一个人的外在表现就给一个人的心理个性作结论，只有综合考察才能准确地把握一个人的个性特征。

第二章 识人心理学

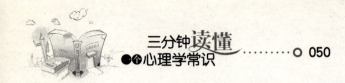

心理常识：近因效应

近因效应是指在多种刺激一次出现的时候，印象的形成主要取决于后来出现的刺激，即交往过程中，我们对他人最近、最新的认识占了主体地位，掩盖了以往形成的对他人的评价，因此，也称为"新颖效应"。

多年不见的朋友，在自己的脑海中的印象最深的，其实就是临别时的情景；一个朋友总是让你生气，可是谈起生气的原因，大概只能说上两三条，这也是一种近因效应的表现。

笔迹，使"心"跃然纸上

写字时用力的程度、书写时的倾斜程度和下意识状态的谋篇布局等等，皆能透露出一个人的个性。

一般来讲，一个性格温和、谦逊谨慎、城府颇深的人，所写的字通常情况下比较工整，横平竖直，整体看起来感觉与主人一般，规规矩矩。一个性格比较粗放、自由散漫、大大咧咧的人，所写的字通常比较不合规矩，谈不上什么比例、结构、布局，爱怎么写就怎么写。

从笔迹上看人，可以看写字的力度。专家让大家把纸翻过来，察看反面的印痕。基本上就能分清男女生，因为男生总体力度大于女生。

那些"力透纸背"者，主动性强，喜欢把自己的意志强加于人，他们中多数是当领导的。如果你找了这样的人做恋人，那就要准备好，让对方在家里也是说了算的想法，像电视剧中《新结婚时代》里的小西妈妈。而写字力度小，反面几乎看不到字痕者，一般性格比较被动，有内向的倾向，性格像小西爸爸。

写小字的人一般都不喜欢被人注意，性格偏内向，喜欢平凡自由舒适的生活，不会苛求什么，做人本本分分，踏踏实实的。而写大字的人，一般就很爱表现了，喜欢追求高质量、高品位的生活，好出风头，喜欢听到别人夸奖自己，会沾沾自喜，甚至得意忘形。有的人写的字体很大，但是，字的结构安排得很不好，这很有可能是小时候就没学好写字，这种人一般行为懒散，不容易受拘束，很难自制，但是思想灵活多变，满脑子奇思妙想，容易成事，但是也容易败事。写字中等大小的人注重实践，做事比较踏实稳重，值得信赖。

根据字的大体形状也能看出一个人的内心特点。比如写正方形字的人为人正直，写圆形字的人性情随和，而写长方形字的人则勇于开拓创新。字体刚劲有力，往往表现一个人沉着干练；字体龙飞凤舞，往往表现了一个人豪放而自信；字迹模糊而潦草，说明一个人马虎，也可能说明一个人思维敏捷，希望尽快把他所想到的问题记录下来。

一个人如果把一张纸的上下面都写得满满的，不留空白。说明这种类型的人个性张扬，反应快，做事不留有余地。他们要是说口袋里没钱，那就真的是空空如也了。这种人一般都会把自己的时间安排得满满的，不会浪费任何学习、工作的机会，相对的，休息的时间也就减少了。

有的人在纸的上方留白较多，写到后面没地方写了，就会再补到上面去写。这类人做事一般前松后紧，平时不肯按计划做事，临到考试临时通宵复习的学生和到最后才彻夜通宵做计划书的公司职员多为这一类人。但这时也可能反应敏捷，紧要关头工作效率高。

有的人把一张纸上半部记得密密麻麻，而下半部分，却空白了一大块。这类人做事一般前紧后松，很适合当秘书。因为这类型的人做事很有条理和分寸感，老师喜欢选他们当班长。这类人做事很有计划，但是，在实施时却可能不按着计划行事，最后极有可能导致半途而废，没有结果。

第二章 识人心理学

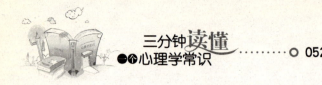

字里行间的距离毫无规则，往往表现一个人感情热烈而又缺乏沉稳。

字体右倾者偏好社会互动，这类型的人积极进取，能动性强，不怕困难，独立自主，思想开放，对未来充满向往。他们对精神领域的东西感兴趣，并渴望自己能在精神领域里有所发展。这种人待人友好，性情开朗，为人慷慨大方，有同情心，利他，有奉献精神，集体观念比较强，喜欢群体活动。如果字体向右倾斜，而行向向下倾斜，说明书写者好自省，但意志比较薄弱，容易受他人影响。

写字字体向左倾斜的人在社会生活中是小心谨慎的、细心的，好内省的。他们关注自己，对周围环境却反应冷漠，情感压抑。观察力敏锐，可能是个好的倾听者，不容易与人产生正面冲突。这类型人一般独立意识强，喜欢独来独往。

一个人随着人生经历的丰富，社会地位的提高，写出的字是会变化的，而这很受职业的影响。比如说医生的笔迹普遍被广大人民群众认为是狂草的典范，好像医学院里的老师个个都是草书大家一样；而一些政府部门的领导们，普遍可以把"同意"、"阅"还有自己的大名写得非常好，这都是长期坚持每天练习的结果。

心理常识：鸟笼效应

鸟笼效应是一个著名的心理现象，其发现者是近代杰出的心理学家詹姆斯。

1907年，詹姆斯从哈佛大学退休，同时退休的还有他的好友物理学家卡尔森。一天，两人打赌。詹姆斯说："我一定会让你不久就养上一只鸟的。"卡尔森不以为然："我不信！因为我从来就没有想过要养一只鸟。"没过几天，恰逢卡尔森生日，詹姆斯送上了礼物——一只精致的鸟笼。卡尔森笑了："我只当它是一件漂亮的工艺品。你就别费劲了。"

从此以后，只要客人来访，看见书桌旁那只空荡荡的鸟笼，他们几乎都会无一例外地问："教授，你养的鸟什么时候死了？"卡尔森只好一次次地向客人解释："我从来就没有养过鸟。"然而，这种回答每每换来的却是客人困惑而有些不信任的目光。无奈之下，卡尔森教授只好买了一只鸟，詹姆斯的"鸟笼效应"奏效了。实际上，在我们的身边，包括我们自己，很多时候不是先在自己的心里挂上一只笼子，然后再不由自主地朝其中填满一些什么东西吗？

手机透露主人的性格

走过人头攒动的商场或者社会广场，我们不难发现每个人的手中，都拥有一部形影不离的通讯工具——手机。在现在这样的年代，你的穿戴表现了你的品味，手机则已经是穿戴时尚中不可缺少的一环。根据有关调查，手机品牌的争夺已经不仅仅是性能、功能、性价比等的比拼，而是一种风格类型的区分，就像不同人选择不同风格的衣服一样。

使用红色滑盖手机的多为女性，这类女性属于精力旺盛的行动派。她们不管花多少力气或代价也要满足自己的好奇心以及欲望。她们喜欢各种新生事物，并勇于尝试，而不在乎得失。在爱情方面，选择红色滑盖手机的女人一般爱欲强烈，一旦对异性产生爱意，她就会全身心地投入。

有的人喜欢黑色的手机，这样的人通常做事很积极。他们对未来会做很好的规划，并且会朝自己的方向努力。黑色是一种永不落伍的时尚颜色，稍加修饰即显得很优雅、高尚、有品味。他们向往一种破坏的快感，偶尔会调皮一下，给人一个小小的意外。这类型的人大多很注重自己的事业，当然，他们有时会不顾社会的舆论和原则去追求爱人，感情比较专一，不过平凡的人是不会引起他们的激情的。

使用蓝色直板手机的人，多具有善良和丰富的感受力。神经纤细，容易感伤，对人也十分敏感，一个人独处时，常无法忍受那种孤寂。

感情充沛，情趣高尚，态度温和、责任心强，追求刺激、喜欢交际是用红色旋盖手机女性的个性特征。她们就像是玫瑰花，美丽但也有伤害人的刺。她们对于自己喜欢的人和事会非常热情，但对于不喜欢的也会直言不讳。一切新鲜事物她都会先去尝试。她们朋友很多，是社交的强手。男性很少用红色旋盖或者翻盖的手机，即便用的话，也很有可能是和女朋友在换着使用。

有心理学家指出，一个人选择的手机铃声以及他接听电话的方式，能够反映出他的性格和习惯。

人在选择手机铃声的过程中，不自觉地流露出个人品位、对旁人和自己的态度，而且还会把个人部分的内心世界展示在公众面前。有的人喜欢为不同的来电者选择不同的手机铃声，例如，有的人会为自己讨厌的人选择一段小狗叫的铃声，作为个人的一种小小的报复；会为自己喜欢的人选一首自己喜欢听的歌作为来电铃音。

喜欢搞怪的卡通音乐、口号、恶搞歌曲，或者动物声音的手机铃音的人，性格可能比较活泼激进，很有可能是位"非主流"人士。

选择流行音乐、摇滚乐的人喜欢新事物和新潮流，时尚触觉敏锐。这样的人看外表可能会比较成熟干练，但是内心却很时尚，有自己的喜好特点，不盲目追求"流行"，他们很少会感到沉闷，因为他很会给自己找乐子。

喜欢古典音乐的人一般都很内敛，不张扬，喜欢一个人独处、静思，他们欣赏温婉忧郁的内在气质，注重内在美，很少喜欢个性张扬、特立独行的年轻人。

现在，很多人拿着手机主要目的并不是打电话，而是发信息。一般来说，女性的信息会较长，说的意思会表达得较细致清晰。信息简短的女性，性格一般较直接干脆。女性多用标点符号，不用标点符号的女性性格直，做事注重速度，但是，却时常会因为太急了，而出错较多。男性的信息较简短，用最少的字表达最清晰的意思，如果信息内容细致清晰，性格一般内向细腻，属温柔敏感型男人。男性多不喜欢用标点符号。用标点符号的男性性格细腻，情感丰富。

简单或性格爽朗怕麻烦的人信息用字较少，而且不喜欢用标点符号。有些人会把一段话里所有的字堆在一起，这样人很少注意别人的感受，神经比较大条，不过，极有可能在某一方面他极为优秀，让人不得不服。

心理学家分析，在正常情况下，责任心重、注重礼貌、性格热情的人，信息回得较快；以自我为中心、不苟小节、个性内向或淡漠的人，信息一般回复较慢。个性细腻的人信息突然简短，说明不是在忙就是情绪有问题，或者在生人的气。回信息慢三拍的人忽然积极快速回应，那说明是面对他在乎的人，或是话题对口。

有的人做事干脆大方，他如果有事情找你商量或者处理，他会直接打电话给你，向你谈论事情，基本上很少为了昂贵的话费去心疼自己的腰包，他觉得他有必要为你或者事情而直接打电话给你，这种人一般都很有能力，而且很重义气，如果你有这样的朋友，一定要好好珍惜。

 心理常识：高空跳远效应

"高空跳远效应"是指恐惧造成人心理紧张，行为不能自已的现象。一般来说，人在平地上可以轻松地跳越1.3米，但若在高空中架起两个平直的木板，其间隔也为1.3米，每个人都会感到恐惧，其中肯定有很多人根本不敢跳。

其心理实质是人站在高处已产生了恐惧，会感到晕眩，再加上跳过一段空隙，下面是十多米"深"的空间，会更加恐惧。这些因素干扰了人的知

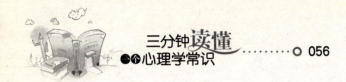

觉，生怕一不小心掉下去，于是心理紧张度增高，退缩不前。其实，若一开始就蒙上人的眼睛，暗示这是平整的木板地，让他自如地往前跳，尽量跳得远些。其心理不紧张，肯定就能顺利地完成。

吸烟会流露人的个性

吸烟在很大程度上是一种心理需求，吸烟时的某些动作也能反映出一个人的内心世界。比如，一个人得意时，吸烟的姿态往往是头向上，向后仰，向上吐烟；痛苦时，往往闷头吸烟，吐烟方向则朝下；思考时，烟量可能明显增多；工作紧张时，数量可多可少，或者不吸。

不管人们最初吸烟的心理动机是什么，一旦习惯抽烟，再试图戒烟，或少吸烟，可能也吃什么戒烟糖，喝戒烟水，吸药物型烟等等，可是花了钱，又受了"罪"，最后很可能也戒不成。这是因为吸烟是一个人的心理需求，也是一种习惯，一种心理依赖。在现代社会里，特别是人与人之间的交往中，吸烟是一种特殊语言、一种人际交往的最佳润滑剂。这也正是很多人烟瘾难戒的一大原因。

吸烟的方式反映着一个人的性格。心理学家们对人的吸烟姿势和形态做过系统的研究。

1. 拿烟的姿势

夹在食指和中指的指尖上。性情比较平静、踏实，爱表达自己，亲切自然。但是，不足之处在于容易随波逐流，缺乏决断力和意志力。

夹在食指和中指的指缝里。这样的人是行动主义者，自我意识很强，不太善于协调人际关系，因此，容易引起他人的误解和反感。

用拇指、食指和中指拿着。性情较为冷一些，头脑聪明，工作作风干练。不过，有的时候你的骄傲、自我会让人不快。

跷起大拇指抵住下巴，食指与中指夹住烟。他们一般是表现欲较强，但却不善于表达内心的感情。他们意志力强，对朋友真诚。但是与此类人相处，往往需要花时间。

把烟叼于唇间，而手另做其他事。这是工作狂，全身心地投入自己的事业。对自己的工作和事业倍感自信，有时在公开场合加以炫耀。这类人喜欢别人吹捧，给他们美言几句，就会忘乎所以。

周围有不吸烟的人的时候，就把烟朝上。这样的人是个非常仔细的人。

2. 喷烟的方式

昂着头，并把烟吹向斜上方。这是一种高傲、轻视对方的表现。此类人有比较强的攻击性，有叛逆的倾向。他们往往唯我独尊，难以沟通。需要先杀下他们的锐气，再做商议。

把烟吹向下方或旁边。这是一种温和体贴型的人，善为他人着想。他们一般不会给别人出难题教训别人。与此类人谈判，表现出自己的困难与善意较易得到让步。

3. 抖灰的方式

正抽得起劲，频繁地把烟灰抖到烟缸里。这种人做事认真，有一点神经质。即便烟灰很短，也要抖落，这样的人的精神压力多来源于不能轻松对待事情，过于紧张。

烟灰很多才会抖落的人，缺乏足够的精力，本质是很小心翼翼的。

4. 掐灭烟的方式

敲打烟头，把有火的部分在烟缸里弄灭。这样的人属于慎重派。缺乏自己的主张，总想藏在别人的背后，附和他人。

把烟很直地按在烟缸里捻灭。不会感情用事，做任何事情都界限分明。把工作和娱乐、恋爱和婚姻分得很清楚。

烟还燃着，就直接丢入烟灰缸。此类型的人自我控制力不强，经常

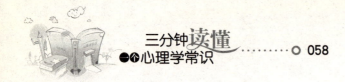

将自己的感情任意表现出来或强加于人。做事不负责任，自由散漫，不顾及旁人，经常在不经意间伤害他人。

爱用脚踩灭香烟。此类型的人具有性虐待的一面，无论发生什么事，他都想吸引别人的注意力，诱惑周围的人。有时会刻意追求一些新异的刺激来自我满足，并且往往具有攻击性，不肯轻易服输。

香烟快烧到嘴巴，还一直吸。此类型的人往往过于相信自己的能力，有时不能客观地分析当前的形势，可能引火烧身。

除了男性以外，有不少女性也加入了吸烟的行列，女性的吸烟方式也能表现出其内心一定的性格来。

有的女性夹烟时喜欢将小指扬起，这类女性通常有些神经质，拘泥于小节且比较敏感。对人好恶分明，她们大多性格娇弱，平时的举止女性化姿态迷人。与其他女性相比，她们可能对周围的人会稍显吝啬。如果这种女孩还酷爱修指甲的话，那么，她们的自我显示欲非常强烈。在她们的心中有些欲望无法得到满足时，因为不太善于控制自己的情绪，会动辄勃然大怒或容易焦躁不安。

有的女性吸烟喜欢吸半口吐半口，这类女性中大多数人会把抽烟当成一种感情的依赖和寄托，她们有着丰富的内心世界和情感，喜欢怀旧，感情专一。当她们深爱着另一个人的时候，对方的一切习惯或嗜好在自己的眼中成了可以模仿或怀念的东西，并且对它的美好深信不疑。不过这类女性通常比较孤独，她们不喜欢向别人袒露心事，大多数有着敏锐的直觉和高雅的气质，比较机敏善变，属于内秀的女性。

吸烟的时候是人的意识无意识张开的时候，如果掌握了一定的心理学常识，很容易看出对方的心理特征。但是，不得不说，吸烟不仅对自己身体不好，而且对于被迫吸二手烟的人的健康也很有影响。所以，纵然是从吸烟中能看出人的性格，还是劝解吸烟的朋友们一句，应该尽早戒掉吸烟的习惯。

曾经有一名叫詹森的运动员，平时训练有素，实力雄厚，但在体育赛场上却连连失利，让自己和他人失望。不难看出这主要是压力过大，过度紧张所致。由此人们把这种平时表现良好，但由于缺乏应有的心理素质而导致正式比赛失败的现象称为詹森效应。

细细想来，"实力雄厚"与"赛场失误"之间的唯一解释只能是心理素质问题，主要原因是得失心过重和自信心不足造成。有些人平时"战绩累累"，卓然出众，众星捧月，造成一种心理定势：只能成功不能失败，加上赛场的特殊性，社会、国家、家庭等方面的厚望，使得其患得患失的心理加剧，心理包袱过重，强烈的心理得失困扰自己。另一方面是缺乏自信心，产生怯场心理，束缚了自己潜能的发挥。

闻香识女人

香水依据香料基调系统的不同，其香味给人丰富的想象效果，使人在品香、添香、熏香中体味着香味这一特殊语言对人心灵的细心安抚。对香味有讲究的男人都知道，闻到某种香味，就可能联想到女人的体态，因为人的嗅觉系统会直接传达某些信息到脑部神经中枢，再由脑部反射出某种影像。

有的香味闻起来给人丰满、轻柔感；有的给人稳重成熟的印象；有的味道会让人联想起玲珑浮凸的曲线。可以说，香水的香味可以塑造完全不同的女人风格。

女人，很简单的一个名词，只有两个字，却蕴涵了丰富的内容，就

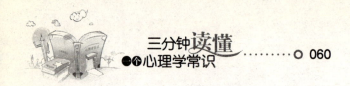
好比世上没有两片相同的叶子一样，一百个女人有一百种风韵，一百个女人有一百种味道。

张扬这样描述自己女朋友："喜欢她头发散发的香味，那种不仅仅是洗发香波的味，还有一些淡淡的栀子花的花香味。当我们在郊外漫步，微风拂过的时候，我喜欢看她被风吹乱的长发，喜欢闻那股若有若无的气息，我的心刹那间加速跳动，有一种抱紧她的欲望。"

香水的选择能反映出其使用者本身的文化个性特点。只有在属于自己的香氛中，人才能放松心情，享受那份愉悦。这正印证了美国香水大师芭芭拉崔西所说，女人的个性就集中体现在她所追求的香水味道上，一个有个性的女人是不会选错香水的。

有的男人喜欢用鼻子去记忆或接触女人。有人认为欣赏一个女人的最好方式，就是走过她身后，微微低头，轻轻拂过她后颈散发的气息，闻闻头发的味道。女人体有异香，这样就可以通过女人身上散发的香味，或者女人喜欢用的香水味来了解这个女人的性格特点。

喜欢新鲜柑橘的香味的女人，一般性格外向。这种人往往积极乐观，豪爽奔放，生气勃勃，不畏风险，不愿对人低声下气，勇于接受挑战，对新生事物充满兴趣，其人生哲学讲究实际，待人接物很有分寸，并且注重效率。这种女性心理健康平衡，意志坚强，很少忧郁失望，善于解决问题，讲究实际，能够勇敢地面对困难，对工作积极认真，对朋友真诚坦白，是可以信任的对象。她们信任自己超过信任命运之神，是天生的组织者，能唤起别人的热情。

喜欢东方型香味的女人，性格内向。内向的人注重内心宁静和谐，不善交际，喜欢离群索居，与外界保持一定距离。这使得她们保有一种神秘感，对于好奇心强烈或者征服欲强烈的男性很有吸引力。她们拥有强烈的自我意识及自己的世界，不会被他人玩弄于股掌之间，会利用自己的力量积极地达成愿望，给人坚强勇敢的印象。在独处其身的同时，她们也能设身处地地为人着想。这类型女性的人生哲学是追求个性自由。

喜欢用乙醛一类的香水的女人，感情丰富，极其敏感，内心世界容易脱离现实，喜欢沉湎于自己的遐想，醉心于浪漫的故事之中。她们时而满怀激情，想要一鸣惊人，时而颓废不振，倦于奋斗，放任自流。她们讨厌被约束，对理性的严肃事物表现得很反感，她们追求自由，但是也愿意遵从一定的规则。这类型女性的人生哲学是标新立异，热衷新奇。

喜欢水果香味的女人一般性格偏外向，她们身上充满自由愉悦的气息，像天真无邪的孩子。有她们在的地方，整个气氛都会兴奋起来，所以，她们是聚会中不可或缺的人物。她们往往能够很快适应环境，随遇而安，但也容易冲动。她们喜欢追逐时代潮流，向往非主流的生活，当感到别人无法理解她们时，她们会流露出"懒得跟你解释"的表情，继续自己的快乐。她们经常表现出兴高采烈、活泼可爱的样子，看起来好像永远长不大的开心果，但是，其实她们内心感情单纯专一，所以，容易受到伤害。这类型女性性格具有多面性，表现为既活泼可爱又固执任性。

喜欢花香香味的女人温柔优雅，喜欢安定的生活，对安全保障有强烈的需要。天性平实温和，待人亲切，让人觉得很容易亲近。她们做任何事情都十分专注，样样力求完美，这类型女性善于长远规划，有长期目标，绝对避免无谓争端，绝大多数人都会对其有好感。对于喜欢花香香味的女性来说，她们多是喜欢张爱玲的，这类女性一般都多愁善感，向往心灵的"世外桃源"，平素都比较文静，有一种幽怨而淡定的气质。

美国著名时尚专家波恩·斯坦利曾经特别指出：节日里，人人都盛装打扮，此时，香味对于每位女士的自我感觉具有不可忽略的作用。用了香水的女人属于"危险女人香"，对人有某种程度的诱惑。相信每个男人都会有自己喜爱的女人的味道，而每个女人也都会有自己独特的味道。

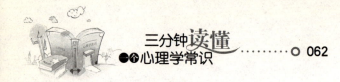

心理常识：名片效应

　　有一位求职青年，应聘几家单位都被拒之门外，感到十分沮丧。最后，他又抱着一线希望到一家公司应聘。在此之前，他先打听该公司老总的历史，通过了解，他发现这个公司老总以前也有与自己相似的经历，于是他如获珍宝，在应聘时，他就与老总畅谈自己的求职经历，以及自己怀才不遇的愤慨，果然，这一席话博得了老总的赏识和同情，最终他被录用为业务经理。这就是所谓的名片效应。

【第三章】

社交心理学
——你的"心"魅力，拉近心距离

社会交往体现的是一个人的素质和能力。人与人之间的交往，实际上是人与人心理的交流。现代健康观把人际交往的心理健康作为身心是否健康的一个重要标志。一个人的人际关系状况不仅影响着其成长与发展，而且决定着其事业的成败。我们若能掌握人们的交际心理，那么，我们就能很快地与对方展开交流，并拉近彼此的距离。

注重礼仪能拉近交际中的心理距离

生活离不开社会，人人都要参与到社会交往之中。社交的范围与每个人的职业、爱好、生活方式及地理位置有很大关系。但现实生活中，有些人在社会交往中总是交不上朋友，或者是交了朋友没多久，朋友又离他而去，平时和同事的关系也不融洽。究其原因，除了一些社交心理障碍之外，多半是不懂得社交礼仪，使交往对象在心理上不愿与之交往所造成的。

礼仪是个人、组织外在形象与内在素质的集中体现。对于个人来说，适当的礼仪既是尊重别人，同时也是尊重自己的表现，在个人事业发展中起着非常重要的作用。它能提升人的涵养，增进彼此的了解与沟通。对内可融洽和谐关系，对外可树立良好形象，是社交中不可忽视的环节。

礼仪包括仪容仪表、待人接物、礼节等各方面，它贯穿于社会交往生活中的点点滴滴，打招呼、握手、递名片、入座等司空见惯的行为也有很多的学问与规则。我们在交际中常常不经意间，在稀松平常的事情上做出的动作可能就是不符合礼仪要求的，但正是这些被人们认为稀松平常的事，却能体现出一个人的涵养来。

俗话说："礼多人不怪。"懂礼节，尊礼节不仅不会被别人厌烦，相反还会使别人尊敬你，认同你，亲近你，无形之中拉近了同他人的心

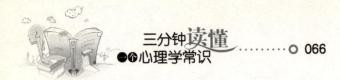

理距离，也能为日后合作共事创造宽松的环境。相反，若不注重这些细节问题，犯了"规则"就可能使人反感，甚至会使关系恶化，导致事情朝坏的方向发展。所以，在把握原则问题的前提下还应注重礼节，并尽可能地遵守这些礼节，才能确保事物的正常发展。

与人交谈用语要谦逊、文雅。如称呼对方为"您"、"先生"、"女士"等；用"贵姓"代替"你姓什么"，用"不新鲜"、"有异味"代替"发霉"、"发臭"。如你在一位陌生人家里做客需要用厕所时，则应说："我可以使用这里的洗手间吗？"或者说："请问，洗手间在哪儿？"等。多用敬语、谦语和文雅语句，能体现出一个人的文化素养以及尊重他人的良好品德。

在人际交往中，一定要忌用礼貌忌语。礼貌忌语是指不礼貌的语言，或会使他人引起误解、不快的语言。如粗话脏话，这是语言中的垃圾，必须坚决清除。他人忌讳的语言是指他人不愿听的语言，交谈中要注意避免使用。比如谈到某人死了时，可用"病故"、"走了"等委婉的语言来表达。

与人交谈要态度诚恳、亲切。说话本身是用来向人传递思想感情的，说话时的神态、表情都很重要。例如，当你向别人表示祝贺时，如果嘴上说得十分动听，而表情却是冷冰冰的，那对方一定认为你只是在敷衍而已。所以，说话必须做到态度诚恳和亲切，才能使对方对你的说话产生表里一致的印象。

有的礼仪专家认为，如果两人面对面交谈30分钟，而你看对方的时间却少于10分钟，那么，你一定是没把对方放在眼里，说明你对他没有足够的重视；如果你注视的时间在10到20分钟，则说明你对对方是非常友好的。但是，当你注视的时间超过了20分钟这个临界值，问题又变得复杂起来，表示你对对方极为重视，但也不排除"敌视"的可能性。所以，在社交中，在交谈时我们应该注视着对方，但是也不能够太"专注"。这就对我们脑内的生物钟功能提出了高标准，要求精确到分钟级，一旦不慎，就有"化友为敌"的危险。

　　"目光相接"这种行为，被视为社交中一种表征"亲密"关系的信号。当在心理上认为并不是很亲密的人陷入不可避免的面对面"亲密式"交谈，大脑就会自发移动你的目光，以减少这场谈话的"亲密指数"。还有实验表明，谈话者在空间上越是"亲密无间"，眼睛注视对方的时间将随之减少，以维持心理的一个平衡。

　　交际中有人示好向人赠送礼品，但是受赠人又不愿接受时，受赠人应该采用委婉的、不失礼貌的语言，向赠送者委婉地表示自己难以接受对方的礼品。比如，当对方向自己赠送手机时，可告知："我已经有一台了，谢谢。"当一位男士送舞票给一位小姐，而对方打算回绝时，可以这么说："今晚我男朋友也要请我跳舞，而且我们已经有约在先了。"

　　有时，拒绝他人所送的礼品，若是在大庭广众之下进行，往往会使受赠者有口难张，使赠送者尴尬异常。遇到这种情况，为了不使赠送者面子上过不去，可采用事后退还法加以处理。这样对方心理上也会对受赠者有一份感激。但是，退还时一定要注意别破坏包装，如果其中包括一些易坏的食品，就别往回送了，或者给买点新鲜的送回去，或者以价值相当的礼物回赠给人家。但要注意的是，事后归还应该在当天把礼物送回去，不要拖得太久。否则意义就变了。

心理常识：晕轮效应

　　又称"光环效应"，指人们对他人的认知判断首先是根据个人的好恶得出的，然后再从这个判断推论出认知对象的其他品质的现象。如果认知对象被标明是"好"的，他就会被"好"的光圈笼罩着，并被赋予一切好的品质；如果认知对象被标明是"坏"的，他就会被"坏"的光圈笼罩着，他所有的品质都会被认为是坏的。

　　这种强烈知觉的品质或特点，就像月亮形成的光环一样，向周围弥漫、

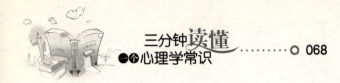
扩散，从而掩盖了其他品质或特点，所以就形象地称之为晕轮效应。

有时候晕轮效应会对人际关系产生积极效应，比如你对人诚恳，待人周到细致，那么，即便你能力较差，别人对你也会很友好，对你非常信任，因为对方只看见你的诚恳和细致。

当你看到某个你喜欢的明星在媒体上爆出一些丑闻时，总是会很惊讶，觉得这种丑闻怎么可以发生在这个明星身上，你一定认为是假的；或者你因为这个丑闻而不再喜欢这个明星。而事实上，我们心中这个明星的形象根本就是她在银幕或媒体上展现给我们的那圈"月晕"，它真实的人格我们是不得而知的，仅仅是推断的。

良好的第一印象是架起交际桥梁的基石

初次见面给别人留下好印象是大多数人追求的目标。一般认为，人们在日常交际中对他人的第一印象主要来自动作、姿态、外表、目光和表情等非口头语言。

对无缘得见的社会名人，多数人也会产生或好或坏的第一印象，影响因素包括他们的外貌以及媒体对其公众形象的评价。此外，女人比男人感性，所以，更容易先入为主；男人相对比较理性。心理学上有一个规律，在和比较陌生的人交往中，他给我们的早期印象往往比较深刻，人们会在不知不觉中，倾向于最先接收到的信息来形成对别人的最终印象。

美国俄亥俄大学的研究人员小罗伯特·劳恩特告诉人们："第一印象无论好坏都很难抹去，如果你给人留下一个坏的第一印象，那是很难纠正过来的，有时候甚至一辈子都改变不了，因为很多人根本不会给你修正错误的机会。"第一印象不佳，在接下来的交往中，是很难建立持久信赖关系的。可以这样说，人际关系上，第一步迈错了，后面无论多么努力都很难改变了。可见，初次见面给对方留下良好的印象非常重要。

第一印象的好坏取决于初见时第一眼的感觉，而人与人初次见面时，表情就是决定印象好坏的关键的因素。在心理学中，第一次见面时若没有笑容的话，会让对方心理上感到紧张，以为你在拒绝他，难与你亲近。嘴角上扬、连眼神也在笑的表情就是一种好感的表示。微笑能给人安心的感觉，一直微笑看着对方，就能消除对方的警戒心。

接着就要交谈了，能不能开口交谈，则取决于姿势。肯接受对方，自己也表现出接纳开放的态度，从见面到开始交谈的时间就会缩短。如果你以轻松的站姿，正面面向对方，对方就会感觉你容易亲近，愿意与你交流。相反，将手背在后面或双手交叉抱于胸前，都会让人有距离感，这样对方就很难主动与你用心交流。

服装可以说是一种无声的交际语言，它能告诉人们你的品味如何、身份如何、性格怎样等。所以，在打造完美第一印象的规划中，要把衣着打扮高度重视起来。

"爱美之心，人皆有之。"美观得体的衣着，往往首先给人以赏心悦目的感受，让人产生与他继续交往的愿望。但是也不要太过追求时尚，打扮太过时髦艳丽，会让人觉得轻浮幼稚，不成熟。对于女性来说，虽然可以适当地表现出女性的曲线美，但是穿着如果太暴露，就会让人有所误解了。

著名哲学家笛卡儿曾说过，最美的服装，应该是"一种恰到好处的协调和适中"的服装。不恰当的衣着会引起人们的反感，给人留下不好的第一印象。比如，一位教师如果以"西部牛仔"或"伴舞女郎"的打扮走上讲台，肯定不会受到学生的尊敬，即使课讲得再好，水平再高，也难以改变学生们对其的第一印象。

一个人的穿衣打扮要做到两和谐：一是服饰与人的身体、相貌、年龄、性格等因素和谐；二是服饰与时间、气候、场合、职业等和谐。

恰当的着装，并不是说一定要穿上华贵的衣服。事实正好相反，一味追求华贵，反而给人以庸俗的印象。关键是要整洁大方，能体现人的内在素质。美国有许多大公司对所属雇员的着装都有"规定"，它并不是说要穿得怎么好看，或衣料质地的好坏，关键是要符合审美的要求。

与人初次见面，你的一举一动都十分的重要，都会给对方留下或好或坏的印象。而且你的一举一动也代表了你的素质和涵养。所以，初次见面时，要集中注意力，不要有什么小动作。如果你跟对方说话的时候，小动作不断，一会儿搔首弄姿，一会儿整理衣服，那说明你对对方缺少起码的尊重。如果有紧急情况，需要打电话或者发短信，可以告诉对方，说一声"不好意思"。一般人都会理解这一点。

不要和初次见面的人保持太近或太远的距离。从心理学上讲，太近会给对方一种压迫感，太远则会给人一种难以逾越的距离感。在别人说话的时候最好以柔和的目光平视对方，并认真聆听，不要让人说第二遍。坐的时候应该挺胸抬头，双腿并拢，不要一副松散的坐姿。这些，都是能够间接反映一个人素质和道德修养的，要多加注意。

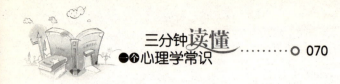

心理常识：首因效应

首因效应在人际交往中对人的影响较大，是交际心理中较重要的名词。人与人第一次交往中留下的印象，在对方的头脑中形成并占据着主导地位，这种效应即为首因效应。我们常说的"给人留下一个好印象"，一般指的就是第一印象，这里就存在着首因效应的作用。因此，在交友、招聘、求职等社交活动中，我们可以利用这种效应，展示给人一种极好的形象，为以后的交流打下良好的基础。当然，这在社交活动中只是一种暂时的行为，更深层次的交往还需要您的硬件完备。这就需要你加强在谈吐、举止、修养、礼节等各方面的素质，不然，则会导致另外一种效应的负面影响，那就是近因效应。

真诚待人能够让你顺利迈进社交"门槛"

心理学家马斯洛指出：人有五大类需要——生理需要、安全需要、归属和爱的需要、尊重的需要和自我实现的需要。

看上去，这里似乎没有交际需要的位置。可仔细想想，哪一种需要离得开人际交往呢？生理需要和安全需要，涉及的物质资料的取得，是离不开人际关系的；生理需要中食物的购买离不开买家和卖家的交往；安全感也离不开他人，恐惧而缺乏安全感的人有企盼同类群体的倾向；个体的归属就是个体对另一个体或群体的某种依属关系；对他人的尊重或者得到他人的尊重，需要在交往中产生，自尊也不可能在人际交往之外形成；自我实现无非是个人潜能的发挥和事业的成功，而发挥和成功的舞台是人际交往的社会。

社交活动伴随人的一生，是人的基本需要之一。缺乏或被剥夺了正常的交往活动，个体就会出现消极情绪反应和心理紊乱，久之便导致身心疾病。因此，人际交往是维持人的正常心理、生理健康的必要因素。而在人际交往中，待人真诚，不说谎，坦率地表白自己，一定程度的自我暴露是给人好感的前提。

有一个活泼可爱的小男孩，开学之初，他的一言一行给每一位任课老师都留下了深刻的印象。与其他学生相比，他显得特别能干和老练，也常常获得老师的表扬，同学的羡慕。下课时，他的身边总有不少

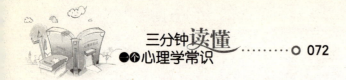

同学在一起玩耍。可是，一段时间以后，他身边的玩伴越来越少，他几乎变得没有朋友了。经过调查老师们了解到是因为他爱说谎，待人不够真诚。连小孩子都不喜欢和待人不真诚的人在一起玩，何况成年人呢？人与人之间的交往是心与心之间的沟通和交流，如果在交往中自己不用心，态度不够端正，内心不够诚恳，说话办事不够尽力，那么，是很难赢得别人的接受和信任的。

有些人擅长社交，交际场上如鱼得水，但却很少有真正的知心朋友。因为习惯于说场面话，做表面功夫，交朋友多又快，但是感情却都很浅。其实，人人都不傻，都能凭直觉感觉对方和自己交往是出于需要还是出于情感。

想与别人成为好朋友，就应该真诚地坦白自己的情感和想法。陈述自己，推销自己，心理学谓之"自我暴露"。怎样才算是表现出你的真诚呢？

真诚首先就体现在外在形象上，适当的掩饰是可行的，但过分掩饰就会适得其反。比如身体矮小的男士，如果穿上超出常规的高跟鞋"垫一垫"，会让人觉得比身体矮小还要滑稽可笑。这样让人看不出他的真诚，倒是会让人觉得他很"幽默"。如果一位皮肤黑黑的女士，涂上一层厚厚的白粉掩饰，不但不能掩饰过去，反而会让人产生粗俗不堪的印象，让人更加不愿意和其交往。

忘掉自己的缺陷，看到自己的长处，培养多方面的兴趣和爱好，把精力集中在更有意义的活动中，这样才能让你顺利迈进社交的"门槛"，让人接受你。

有的人为了提高社交能力，就会看一些关于社交方面的书，其中会告诉读者一些交谈技巧，使话说得更得法，更得体，更适合语境，这当然是很有必要的。但是，话语打动人的根本力量，来源于说话人内心的真诚。所以，只要心有至诚，即使词语匮乏、口才愚拙，也能使你的情意、你的真诚传达给对方，打动对方。

眼睛表现出来的真诚，坦荡如水，平静地注视，不用躲躲闪闪或目光垂下不敢直视。

举止的真诚，自然，大方，从容不迫，不矫揉造作，不虚伪客套，举手投足间流露出的是一副安然之态，这样会为你赢得别人的好感。

与人交往中，谁也不免会说错话、办错事，有些人明明知道自己错了，却硬着头皮不承认，甚至还要为自己争辩，致使矛盾得不到解决，彼此的隔阂不能消除，致使与对方的感情也会因此而变得疏远。"人非圣贤，孰能无过"，如果你错了，就很快地、很热诚地承认。这样你获得的友谊将使你分外满足。

不论哪种交际场合，别人说话都要专心，耐心，等对方把话说完，把意思表述完整，再发表自己的见解。满不在乎地随意插嘴，一是干扰了对方的表情达意，使对方的表达未受到应有的尊重，这自然招致说话人不悦。二是使自己的话语在未出口之前，就已驶入了"片面性"的岔道——还没听完对方的见解、设想，仓促间发表的主张怎会周全妥帖、切实可行呢？

在言语交际中，专心倾听对方话语，是尊重他人和真诚待人的体现。多听少说、听时专心、听完再说，能够给自己的交际活动树立良好的形象，利于与人和谐相处；抢话、喜欢插嘴是言语交际中的坏毛病，久而久之，会铸就令人生厌的交际形象。

心理常识：角色置换效应

在社会心理学中，人们把交往双方的角色在心理上加以置换从而产生的心理效应现象，称为角色置换效应。

角色，原本是戏剧或电影、电视中演员扮演的剧中人物的意思，现在已被用于社会学、社会心理学之中，成为一个专用术语，专指一个人根据社会的舆论、规范和习俗，所表现出来的思维和行为方式。每一个人都充当着不

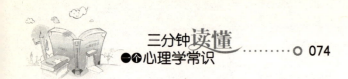
同的社会角色，有时是数个不同的社会角色于一身，但在具体交往时一般总是处于某个特定的角色中。

因此，在社会交往时，人们不仅习惯于从自己的特定角色出发来看待自己看待他人的态度与行为，而且还习惯于自我中心式的思维方式，从而引发出一幕幕角色冲突的悲剧。如果大家都能从对方的角色去思考一下，都能将心比心地换位感受一番，那么，许多冲突、矛盾就可以迎刃而解，有的根本就不是什么角色问题，这就是角色置换效应的积极作用。

人际交往应坚持"互惠"，追求"双赢"

卡耐基说过："和谐的人际关系是一笔宝贵的财富。"事实上，要想建立良好的交际关系，就要尽量减少与他人之间的矛盾，消除彼此的摩擦，就不能太自私、"吃独食"，而应坚持"互惠"，追求"双赢"。比如：在交际心态上，不要只想自己享受，不让别人舒服，更不能有"置对方于死地而后快"的想法。要明白，我们参加社会交际活动是想为自己赢得几个朋友，而不是增加几个敌人。

在一个交际圈里考虑问题时，不能只为自己着想而不为他人考虑，也不能只顾眼前的利益，而不考虑长远的利益。在大家意见不能统一时，可跳出"思维定势"，谋求一个折中的方案。在利益有争议时，双方要坐下来诚恳协商，必要时，不妨都作出一定的让步。

实际上，人与人之间的交往需求是多层次的，可以粗略地分为两个基本层次：一个层次是以情感定向的人际交往，比如亲情、友情、爱情；另一个层次是以功利定向的人际关系交往，也就是为实现某种功利目的而交往。在交往过程中，有时是为了满足物质需求，有时则是为了满足精神需求。换句话说，人际交往的最基本动机，就在于希望从交往对象那里获取自己需求的精神上的或物质上的满足。

人际关系心理学家认为，互惠互利是人际交往的基本原则。互惠互利原则，既包括物质方面的，也包括精神方面的。大多数人受传统观念影响，在交往中更愿意谈人情，而忌讳谈功利。

人际交往的目的可以说是建立在互爱互惠的基础上的，这种人与人之间情感、心灵的来往，不求金钱，不为谋利，而是双方期望获得精神上、心理上的互动，情感上的支持，这何尝不是一种互惠互利？

要想拥有良好的人际关系，就应该能为他人着想，付出要从自我做起。有句话说得好，将欲取之，必先予之。互惠互利，是人际交往的一个基本原则。在交往中时时想到互惠这条基本原则，积极付出，就能满足交往对象的需要，这样，才有朋友在我们需要的时候帮助我们。交往如果没有做到"互利互惠"的话，就很难建立和谐融洽的人际关系。

提到"互利互惠"这个词，一般都会给人一种事务性的印象和很强的功利性色彩。可是互利互惠并不仅仅指物质的方面，不是只有在谈到"功名利禄"时才能使用这个词。在日常生活中得到他人的关照，例如，在工作上得到他人的帮助，或者下班后别人请自己吃饭等等，之后，我们就要以某种方式表达感激的心情，这也是互利互惠。

在看到给予自己关照的前辈很忙时，问一声："我能帮些什么？"这也是一种很好的表达自己感激心情的方式，也是互利互惠的根本精神所在。

你从别人那里得了恩惠，反过来自己也给予别人报答，这就是互利互惠的根本所在，也是建立良好人际关系的前提条件。

人与人的互动关系就像坐跷跷板一样，要高低交替。所以，人际关系要达到和谐，必须保持一定的平衡。人们最大的需求是被他人需要，在与人相处时要注意尊重对方，使对方觉得自己被人需要。任何一个好的关系都是双方受益，如果一方长期受损，或者一方长期被动地接受施

予，那这种人际关系是不会长久的。

如果你求别人办事，别人帮你办了，你就要及时回报别人，这可以表明你是一个知恩图报的人，有利于以后的相互交往。

如果能珍惜每一次与别人接触的机会，积极主动地关照别人，并且欣然接受别人的帮助，那你一定会有一个和谐融洽的人际关系，并且，你的生活和你的一生也会因此而受益。

心理常识：互惠定律

"给予就会被给予，剥夺就会被剥夺。信任就会被信任，怀疑就会被怀疑。爱就会被爱，恨就会被恨。"这就是心理学上的互惠关系定律。

成功的第一步就是要先存一颗感激之心。时时对自己的现状心存感激，同时也要对别人为你所做的一切怀有敬意和感激之情，及时地回报别人的善意，且不嫉妒他人的成功，不仅会赢得必要而有力的支持，而且还可以避免陷入不必要的麻烦。你怎样对待别人，别人就会怎样对待你。人际关系就是善意关系，人是三分理智七分感情的动物。士为知己者死，从业者可以为认可自己存在价值的上司鞠躬尽瘁。给予就会被给予，剥夺就会被剥夺，怀疑就会被怀疑，爱就会被爱，恨就会被恨，帮助别人也是帮助自己。人生最美丽的补偿心，就是人们真诚地帮助别人之后，同时也帮助了自己。一个与人为善、一心做好事的人一定会赢得属于他的成功。

赞美是照在人心灵上的阳光

世界上有一种东西人人都想得到，也都有能力大大施舍，可是有人却往往吝于付予，这就是赞美。不论是口头赞美还是书面的赞美，只要是赞美之词，都能给人带来好的心情，帮你打开交际之门。赞美是同批评、反对、厌恶等相对立的一种积极的处世态度和行为，它能快速拉近交际双方的距离。

赞美是对别人关爱的表示，是人际关系中一种良好的互动过程，是人和人之间相互关爱的体现。它是深藏在每个人内心的渴望。渴望被人赏识是人最基本的天性。既然渴望赞美是人的一种天性，那么，我们在交际过程中就应学习和掌握好这一处世智慧。交际中，有相当多的人不习惯赞美别人。由于不善于赞美别人，或得不到他人的赞美，从而使交际缺乏温情和热度。

赞美是对人的肯定，获得赞美是一件令人快乐的事，表示大众接受自己的行为或某种观点，是人人都期待的一种外界反应。受到赞美的人往往会受到鼓励，更具干劲，心情愉悦。有的人把赞美看得特别重，甚至胜过生命和财富。也有的人把赞美看得很淡然，面对别人的赞美，只会一笑而过。我们可以从一个人看待赞美的态度来观察他的内心世界。

有的人听到赞美，乐于接受，并且会在接受别人赞美的时候用适当的好话答谢对方。这种人心地单纯，胸怀坦荡，好助人为乐，凡事能够设身处地为他人着想。如果朋友陷入困境，他们会慷慨大方地给予朋友及时有效的援助，和朋友一起共渡难关。他们懂得肯定别人的优点，别人非常愿意和他们相处，因为和他们相处是快乐的。

从心理学角度来说，赞美是一种有效的交往技巧，能有效地缩短人与人之间的人际心理距离。在办公室共事，一般人往往容易注意别人的缺点而忽略别人的优点及长处。因此，发现别人的优点并给予由衷的赞美，就成为办公室难得的美德。无论对象是自己的上级、同事，还是自己的下级或客户，没有人会因为你的赞美而动气发怒，被你赞美的人一定会心存感激而对你产生好感。如果你既了解自己的内心世界，又经常去赞美别人，相信你的人际关系会越来越好，你还会觉得工作是如此快乐，生活是如此美好。

第三章　社交心理学

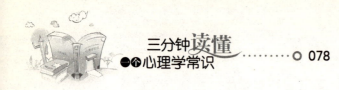

记得有个故事，讲的是一对平凡的夫妇常常互相抱怨，可是，有一天，丈夫开始赞美妻子。丈夫说："你知道吗？老婆，我有个柜子很神奇，每次拉开那些柜子的抽屉，我都一定找得到我要的袜子和内衣裤。多谢你这些年来把家打点得那么妥当。"

妻子开始时不知道为什么，感觉莫名其妙，觉得丈夫非常奇怪。但随着生活慢慢继续，妻子开始变得自信，并且开朗起来，慢慢的，家里面的抱怨减少了，妻子开始回馈丈夫的赞美，并且努力让自己做得更好。

一句话可以把人送入坟墓，也可以使人起死回生。一句话救人的事例在我们的生活中并不罕见。一位享有声誉的老师曾经总是用训斥来督促那些未能完成作业的学生。久而久之，学生听腻了他的责骂，这样督促毫无结果。后来，另一位老师建议这位老师最好去表扬那些完成了作业的学生。这位老师欣然采纳建议，不到一个月的时间，不仅完成作业的人数大大增加，而且上课时，师生双方都很轻松愉快。这是因为赞美能使人的情绪平静，感受到被关爱的感觉，从而愿意为爱努力。

有的人并不相信小小的赞美能够取得翻天覆地的变化，但是，事实证明，赞美就是有那么大的功效。人是渴望赞美的动物。在与他人相处时，要满足他人的这种渴望，多赞美别人。如果说，批评与鼓励都是催人上进、激人发奋的手段的话，在许多情况下，适当的鼓励往往能收到更好的效果。

赞美是一件非常令人兴奋的事。我们把每一次赞美当做一次学习的过程，把他人的优点作为自己仿效的榜样，同时，在实践中学会更自然地表达自己的好意。

如果你想赞美别人，不要选择一些根本没影的事情，或者一些空洞的言论，这样不但听的人感受不到你的真诚，而且你自己也会觉得自己很无聊。每个人都有优点，用心观察都不难发现别人的优点，只要彼此沟通正确，对于这些优点，你可以发自内心地、具体地、巧妙地加以赞美，听的人是能感受到你的真诚的，然后，别人会回馈你同样，或者更多的赞美，让你心情愉悦舒畅。

心理常识：暗示效应

心理学中，在无对抗条件下，用含蓄、抽象诱导的方法对人们的心理和行为产生影响，从而使人们按照一定的方式去行动或接受一定的意见，使其思想、行为与暗示者期望的相符合，这种现象称为"暗示效应"。

所谓的"暗示"是指：人或环境以非常自然的方式向个体发出信息，个体无意中接受了这种信息，从而做出相应的反应的一种心理现象。巴甫洛夫认为，暗示是人类最简化、最典型的条件反射。然而随着研究的深入，人们发现暗示就像一把"双刃剑"，它可以救治一个人，也可以毁掉一个人，关键在于接受心理暗示的个体自身如何运用并把握暗示的意义。

人格魅力能从内心感染你的交际对象

魅力就是对他人强大的影响力和吸引力。所谓影响力即影响和改变他人心理、态度与行为的能力。他人在这种强大的影响力和吸引力面前，将会不自觉地倾倒。一个人的一生总是在不断地影响别人，也在不断地接受别人的影响。一个人要想取得成功，获取胜利，除了要武装自己（认识自己，控制情绪，扭转失败，确定目标，正确思维）之外，还必须学会对别人施加影响，使自己具有感人至深的人格魅力。

1. 以身作则

以身作则是一种人格的感召力、鼓舞力。一个人的宽广的胸怀、豁

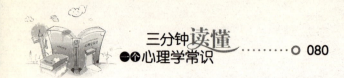

达的气度和崇高的思想情趣境界，对别人是一种巨大的、无形的力量。人有一种"第六感觉"，并且会受到它强烈的感染。我们自己也有这样的感受和体会，当我们和那种心胸开阔、乐观豁达、气宇轩昂、境界高远的人在一起时，自己的心灵也得到了有力的净化和提高，从而作出一些本来不会或难以做的美好的事情。

2. 表里一致

人们最反感那种口是心非的人。口是心非是一种掩耳盗铃式的愚蠢的行径。别人可能不戳穿你的假面具，但他们却永远不会再相信你，不会和你接近，更不会把心交给你，久而久之，会人人提防你、疏远你，从而成为孤家寡人。如果已经知道自己的想法、做法不对，那就应该把它放在大家面前，公开改正；如果相信自己的所作所为是正确的，那就应该光明正大，开诚布公。因为表里如一具有很大的影响力。

3. 像好书一样具有可读性

一个人就好像一本书，形式的美是书的外在美，它可以吸引人们的第一注意，而它的内容如何，是否真有"可读性"，则是本身是否具有吸引力的关键。因此，一个人要像一本书一样具有"可读性"。这有两层意思，一是让人能够理解你，能够读懂；二是要有丰富的内涵，而且要有一定的含蓄性，让人家觉得你这个人有点意思，研究你后能有所收获。为要做到这一点，不能靠矫揉造作，而是靠自己不断开拓内心世界的深度和广度，确立崇高的目标，不断努力追求，严格律己和抵制低级趣味等一系列自我修养等逐渐养成的。

4. 深谙谈话的技巧

听。即注意聆听对方说话，让对方说话，把话说完，不要怕对方说话带情绪、过火，而让他将心中的气全发出来。他说了过头的话，在心中难免有一种内疚感，这正是你对他施加影响的好机会。

精。就是自己讲话时要少而精。话少而精，才能在人家的心中反复回响，才有力量，才有味道。否则，话一多，淡而无味，就会使人印象淡薄。

准。就是一语道破，善于抓住事物的典型特征。

新。就是立意清新活泼，措辞新颖独到，不落俗套，不陈旧死板。道出了他人虽有所觉察但又说不出来的道理，易使人产生难忘的印象，体会到精辟的哲理和丰富的内涵。

5. 拜访朋友不忘给对方"捎点东西"

人们之间最好的关系是双方时常从对方获益，如果希望双方的关系健康常在，在去见朋友时不要忘了"捎点东西"。例如，某些新观点、新见解、业务机会、有助于个人发展及鼓舞士气的资料信息、书籍刊物等。总之，什么东西都可以，只要能帮助对方达到目标就行。

6. 不贪小便宜

人们最讨厌那种为了自己而占别人便宜的人，靠损害别人的利益而使自己得益，貌似成功，但从长远观点看，不但是错误的，而且也不会有好结果，既害人又害己，永远记住：那种想通过占别人的便宜而使自己成功的捷径，是永远行不通的。

7. 能认真了解别人

认真了解别人，这是关心别人的最好说明。因为没有什么可以比得上了解和记住别人的情况更能产生积极的效果了。历史上最好的例子是拿破仑·波拿巴与他下属的关系。拿破仑能叫得出他手下全部军官的名字。他喜欢在军营中走动，遇到某一个军官时，就用这个军官的名字打招呼，谈论这个军官参加过的某场战斗或军事调动。他不失时机地询问士兵的家乡、妻子和家庭情况。这使部下和下属大为感动和吃惊，因为他们的皇帝竟然对他们个人的情况知道得如此一清二楚。所以，其部下和下属便心甘情愿地对拿破仑忠心耿耿。

8. 对人有包容之心

包容心就是能忍受别人不合理的行为和各种不顺心的情况，学习欣赏并接受不同的生活方式、态度、文化、种族以及年龄、长相和习惯

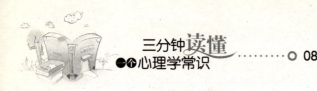
等。每个人的行为、情感的发生，都是有其原因和条件的，如果你处在这些情境之中，你也可能会这么做。富有包容心的人，能够更多地看到别人的优点，对别人的评价，正面价值多于负面价值，鼓励多于责难。任何人都可以自由地选择爱或恨、批判或责难，因此，能否包容他人，由你自己做主。

心理常识：狄伦多定律

曾任英国伦敦经济政治学院董事的L·狄伦多提出：一个团体或机构中所发生的激烈冲突，往往是因为面子问题引起的。解决任何问题的办法在于把握问题未发生前的契机，并将它消解于无形。该定律被称为狄伦多定律。

善正者正于始，能禁者禁于微，与其争面子，不如挣面子。适当表达对对方的尊重，你就能够说服对方。给他人面子就是给自己面子。

"狄伦多定律"从人性人格的角度揭示了"面子"在日常交往中所具有的强大威力，以及日常工作中所发生争执、冲突的根源所在。

居高者主动放下身段才能更好交流

要求平等是人的天性。面对那些比你"矮"的人，一定要放下身段，只有和对方站在同一高度，交流与合作才能顺利开展。

一次英国女王伊丽莎白回家，在门口敲门。她丈夫问道"谁？"伊丽莎白回答说："女王。"丈夫不开门。女王又敲门，丈夫问："谁？"女王回答："伊丽莎白。"丈夫还是不开门。女王又敲门，丈夫再问："谁？"女王回答说："你的妻子。"这时，丈夫才把门打开，把妻子迎入了家门。

这个故事还真是让人忍俊不禁。女王在外高高在上，可是回到家她却只是一个普通的女人、一个妻子啊。女王明白了这一点，才化解了丈夫心中隐约的不满。这个例子告诉我们，交流中要懂得尊重对方，和对方保持平等的地位，切不可居高临下，甚至好为人师，常常以指点、评价的口吻说话。

生活中，往往有人由于自身地位、资历"高人一等"或"强人一筹"而颐指气使，说话居高临下、盛气凌人。女王尚且要放下身份，更何况我们普通人呢？居高临下的做法只会自取其辱。

小A和小B本为同窗好友，后来各奔前程。多年后的同学会上他们相遇了。此时的小A已经是国家公务员，还做了科长，而小B还在中学做着默默无闻的教师，教学任务繁重，日子过得清苦。小A对小B的处境很是同情，表示乐意帮助小B调动工作，可是小B却拒绝了。

小A很不理解，还振振有词："人往高处走，何必吊死在一棵树上呢？"

小B动情地说："我本是一个农村孩子，是知识改变了我的命运，但是我还有一个心结，就是如何利用我的知识来改变更多农村孩子的命运，因此我总是把那些农村出来的学生当做当年的自己。我刚当高三班主任时，有一个农村孩子复读了一年还没有考上大学，家里没有钱，他自己也没有信心，是我鼓励他，帮助他补习，结果他考上了一个重点大学，如今毕业进了工商局，前两天还开车来看我呢。"

小A这时候很不知趣地问了一句："你看，还是当公务员好吧？"

小B顿时心里堵得慌，无言以对，不再说话。

小A根本没有准确地理解小B说话的意思，却居高临下按照自己的世俗想法盖了人家一帽，真是很让人扫兴。

那些说话做事时，不时暴露自己的优越感的人，最让人烦。我们经常会听到以下这样的句子："你这人总是不爱说话""你的问题

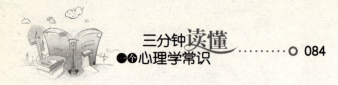

是……""你呀，就是没有进取心……""你努力得还不够……"

在交流中，像这样给别人贴"标签"的评论会给人一种居高临下的感觉。要是长辈、老师或领导这样对我们说话，我们虽然心里不高兴也能够理解，但是如果有其他人用这种标榜、评论的方式说话就会让人反感，说句难听的：你算哪根葱呢？有什么资格教训别人指导别人？居高临下，拿出领导的派头，你把对方置于什么位置呢？因此，在交际过程中我们一定要掌握好分寸并端正态度，切忌优越感过强以至于让人反感。

有一位大公司的业务经理在同另一家企业谈判出售产品时，发现对手是几个年轻人，随口便道："你们中间谁管事？谁能决定问题？把你们的经理找来！"一个年轻人从容答道："我就是经理，我很荣幸能与您洽谈，希望得到您的指教。"年轻人的话软中带硬，出乎这位业务经理的意料。这位业务经理本想摆摆谱，没想到谈判刚开始就吃了一个小小的败仗。

盛气凌人的行为易伤对方感情，使对方产生对抗或报复心理。所以，参加商务谈判的人员，不管自身的行政级别多高，年龄多大，所代表的企业实力多强，只要和对方坐在谈判桌前，就应坚持平等原则，平等相待，平等协商，等价交换。

一些自视清高，一向感觉良好的人，认为自己在人群中优秀出众，处处居高临下，对周围的人甚至不屑一顾，说话时不免流露出傲慢的表情和语气。稍有机会，就不着头脑地甩出一两句话来，呛得人们不知所以。其实自负的背后，是浓重的自卑心态，这些人往往不敢袒露自己心迹，只能虚张声势，以掩饰自己内心的紧张与不安。要么不说话，要么张口就呛人，这种外强中干的表现，只会让人瞧不起。

人与人之间难免有差异，这种差异可能体现在地位、职位、财富、家庭等各个方面。对于过得稍好的人来说，更不应该存心显示，炫耀自己的优越。这种居高临下的待人方式，不仅不受待见，还容易引发别人的厌恶，甚至最终导致关系破裂，不欢而散。

交流最基本的要求是要尊重对方，懂得对方的心思，切不可好为人师，动不动就拿自己的那一套来指导别人。也不可把自己看得高人一等，动不动就教训别人，显示自己的高明。最起码把彼此都放在一个水平上，才能保证交流的顺畅进行。

心理常识：博傻定律

证券市场上有个博傻定律：认为别人是傻子的人，自己就是最大的傻子。在如今的社会，一定要学会尊重别人，兼顾多方利益，不要把别人当傻子，更不能以强欺弱。其次，要学会平衡各方关系，在多方博弈中，要掌握主动权，争取多赢共赢的结果，犹如弹钢琴，不仅用手，还要用脑，手脑配合得当，才能弹出优美的乐曲。第三，要学会正确处理投资者关系。投资者关系是一门学问，平时不显重要，关键时刻定存亡。投资者关系更是一种态度，以礼相待，从小事做起，所谓满招损，谦受益。

职场心理学

——踏上职场"心"路程，赢在职场

心理学家指出，不管什么原因产生的心理波动，都会给我们的工作及生活带来一定的负面影响。如此，我们更需要一个平和的心态，沉着、冷静，才能游刃有余地应对各种职场中的现象和问题。这才是一个真正的职场人应该具备的成熟心理。

职场狼性心理

职场是一个同时存在光明、黑暗与灰色的地带，多姿多彩的现实世界，是一个既写满人性的光辉，又充斥人性的晦暗的大舞台。在这里，单纯的天真烂漫者，或单纯的愤世嫉俗者，可以生存，但无法得到满意的待遇与职位，更不用提从职员做到总裁。在职场中，我们要学会用一种健康的、理想主义的，同时又是现实主义，甚至有时是实用主义的生存、发展策略，走上职场成功之路。

现代职场中有相当一部分人在不知不觉中让别人掌握、控制着，扮演着"心理奴隶"的角色，他们从事自己憎恶的工作，生活在不喜欢的环境里，做着违背自己意愿的事情，这些人都是职场的奴隶。我们身在职场，一定要摆正自己的位置和观点，掌握职场心理学，这会让你在职场上赢得成功。职场成功有没有捷径呢？有，也没有。要想在职场这个登山运动中胜出，你只需做到两点，就是走了捷径，第一是不要走弯路，第二是相同的路走得比别人快。

一般人都认为，在公司里只要尽心尽力，取得业务实绩，赢得上司的赏识和老总的欢心，加薪提升就指日可待了，而对那些一般行政人员，则没有给予应有的尊重和礼貌，认为得到他们的协助是理所应当的，所以，平日就对他们指手画脚，急躁起来，甚至会对他们颐指气使，拍桌瞪眼，这是一个非常严重的认识误区，也是缺乏危机意识的

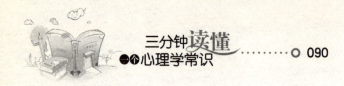

表现。

事实上，有些办公室人员的职位虽然不高，权力也不大，跟你也没什么直接的工作关系，但是，他们所处的地位却非常重要，他们的影响无处不在。他们的资历比你高，办公室的风浪经历比你多，要在你身上找点毛病、失误，实在是易如反掌。更不要小看那些平日不起眼的所谓"小人物"，他们的潜能会让你大吃一惊，甚至影响到你的业绩和升迁。所以，如果想在职场有所晋升，少走弯路，一定要重视自己的人际关系，谨防背后有人给自己穿小鞋，使绊子。

危机意识是人类进步的原动力之一。在自然界和社会中，一切生物的生存过程都是时刻在防范危机并与危机作斗争的过程。危机意识会激励一个人奋发图强，防微杜渐，想方设法，防患于未然。这样，即使危机发生了，也会挽狂澜，转危为安。在这个过程中，个人的价值也会得到实现。

有位哲人曾说，人在风中，每个人都必须经受风的吹拂。现在有很多企业都以狼作为个人和团队精神和心灵世界的图腾。狼作为一种灵异的形象表达了某种卓越企业文化的精髓。每个置身职场的人，在经历过职场环境的熏陶之后，都应以狼为师，学狼之长。当我们拨开以往对狼误读的阴云，认识到狼性中无与伦比的内核时，我们会主动学习狼的优秀品质，像狼一样傲视一切，成为职场中真正的强者。

缺乏危机意识的人其生存意识越薄弱，变革的意愿就越小，创新的动力就越弱，也就越容易在竞争的洪流中遭受挫败。如果一个企业的员工，一直沉溺于过去的辉煌，没有忧患意识和危机精神，顺境面前盲目乐观，因循守旧，不思进取，时间一长，就会被习惯性思维所控制，丧失锐气。

在这一点上，狼能带给我们许多启示。狼的生存环境决定了它必须时刻保持高度的警惕性，因为危险时刻围绕在它们身边。只要稍微放松，就有可能被猎人打死或者被其他食肉动物吃掉。中国有一句话说

"生于忧患，死于安乐"。一个企业如果没有危机意识，这个企业迟早会垮掉；一个人如果没有危机意识，必会遭到不可预测的灾难。

每个人的职业生涯里都会遇到危机，有竞争的危机，也有失业的危机。脑子里要时刻绷紧这根弦，每天看看竞争对手的工作情况，早做准备，多做准备，才不会在危机来临之时抓瞎。中国历来就有技不压身的古训，同样的机会摆在面前，谁会得越多谁胜算越大。职场生涯没有一通到底的证书，经常充电是必须的。

人生之所以精彩纷呈，就是因为未来是不可预测的，充满了变数。就是因为这样，我们才要有危机意识，如果没有准备，光是心理受到的冲击，就会让你手足无措，在职场中碰得头破血流。在危机到来之前，在心理上和行动上都有所准备，使自己能够应付突如其来的变化。

 心理常识：破窗效应

所谓"破窗效应"，是关于环境对人们心理造成暗示性或诱导性影响的一种认识。"破窗效应"理论是指：如果有人打坏了一幢建筑物的窗户玻璃，而这扇窗户又得不到及时的维修，别人就可能受到某些暗示性的纵容去打烂更多的窗户。

破窗效应是来自一个实验，1969年，心理学家菲利普·辛巴杜找来两辆一模一样的汽车，把其中的一辆停在加州帕洛阿尔托的中产阶级社区，而另一辆停在相对杂乱的纽约布朗克斯区。停在布朗克斯的那辆，他把车牌摘掉，把顶棚打开，结果当天就被偷走了。而放在帕洛阿尔托的那一辆，一个星期也无人理睬。后来，辛巴杜用锤子把那辆车的玻璃敲了个大洞。结果呢，仅仅过了几个小时，它就不见了。

久而久之，这些破窗户就给人造成一种无序的感觉。"破窗理论"不仅仅在社会管理中有所应用，而且也被用在了现代企业管理中。发现问题就要及时矫正和补救。

求职，与职场的第一次心理交锋

走进人才市场，你才会真正体会到"人才济济"的含义。很多人就是在这里心里没了底气。有些应聘者在毕业时想要到怎样的企业工作，要拿多少的薪酬，后来觉得难度大，又想考研。考研竞争厉害又想托人找关系，关系没有就又会胡思乱想些别的，安不下心来做事，到最后会是什么也做不好。对求职者来说，没有一个好的心理状态去应对，就不会有一个好的求职结果。

一个人在求职时内在心理的变化往往会在实际运作中体现出来。在某种程度上说，有怎样的心理，决定了一个人能找到怎样的工作。求职，其实也是一项工作，对于求职者来说，有健康的求职心理，并且能够把握好招聘人员的招聘心理是很重要的。那么做哪些准备，具备怎样的心理状态才能让求职胜算更大呢？

1. 简历做得要详而简

对于一个求职者来说，简历是非常重要的。制作简历一定要把握好招聘者的心理。简历上一定要把很实际的东西展示出来，要充分地把自己的优势亮在台面上，这个时候就不用含蓄了。但是要记住，不用把一些很虚的东西一一点到，不能冗长，要言简意赅、点到为止，再长了，除非你的简历有格外吸引人之处，否则简单些，才会有更多的用人单位的目光投注其中。

2．面试时要沉稳镇静

简历为你赢得了面试的机会时，你就要调整好自己的心态接受面试了。面试时，心理不能过分紧张，说话要稳，心理也不能浮躁。有些招聘负责人反映，求职人员在竞聘时，尤其是一些应届生面试时，往往会让招聘人员感觉，那些应聘者说话时好像很激动，但又很做作，不自然，这样的面试经验也许在应聘学生会时管用，但是，到了用人单位，企业负责人会认为你没有社会基础，心理不够成熟，而不予以录用。

3．等候要有耐性

做什么事耐性都是很重要的。有时，你按约定时间去了，可能往往要等一段时间，如果是好工作，不要因为等得久而放弃。绝对不要用对方不守信或是效率太差为理由否决对方，这是很不成熟的学生气的表现。社会就是社会，你要有这种心理准备，一定要学会适应社会，社会是不会主动适应你的。

4．表现自己的优点，但不宜锋芒太露

大家都在应聘，如果条件没什么突出的，那么，你的谈吐及说话内容就要有与众不同之处，以给对方留下深刻的印象。但是不要太另类，太哗众取宠，这样反而弄巧成拙。同时也不要锋芒毕露，毕竟这是应聘，锋芒太露，气势逼人会让招聘人员心有顾忌，反而会给你带来意想不到的副作用。总的来说，只要你能把自己的长处恰如其分地展现出来，就有可能赢得用人单位的青睐。

5．让人觉得你容易接近

美国著名的心理学家纳特·史坦芬格做过一个实验，实验结果把所有求职者分成了四类人，第一类人：十分完美，毫无欠缺；第二类人：非常完美，略有欠缺；第三类人：欠缺，有小长处；第四类人：毫无长处。

表面上看来，似乎第一类人求职成功的几率应该更大，但现实的天平却常常倾向于第二类人。因为人毕竟还是现实的，都会有或大或小的毛病，不可能做到面面俱到。同时，一个人如果锋芒毕露，会让老板觉

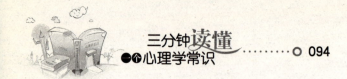
得你华而不实，或者故意做作，甚至还担心浅水养不住你这条大鱼。所以，如果你是十分出色的人才，在求职时，大可不必去掩饰个人的一些小毛病，有意无意地卖点"傻"，学点笨，使人觉得亲近，更容易让人接受。

6．不轻言失败

求职过程中，被用人单位拒绝是很正常的。其原因不胜枚举：要么是你的学历不够，或者所学的专业不完全对口；要不就是受年龄、经验等其他因素所限。可以说，除非你是"量身定制"的专才，否则招聘单位对你一见钟情的概率会是少之又少的。在求职过程中要树立信心，不放弃任何一次可能成功的机会，要有一种不达目的誓不罢休的精神。正所谓"精诚所至、金石为开"。任何用人单位都欢迎那种做事锲而不舍、百折不挠的人才。

相信命运是掌握在自己手里的，暂时的困难，找不到工作，只是人生中的一个暂时的停顿，而不是失败。从心里就要相信自己，要克服悲观等心理障碍。要坚信自己，不轻易放弃，不轻易泄气，因为每一次努力都在靠近目标，持之以恒就有希望。如你要进入IT业，尽管现在可能没有很好的基础，但是只要你不断学习，往那个方向努力，相信你总会成为一个优秀的IT人士。

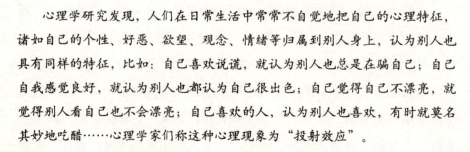

心理常识：投射效应

心理学研究发现，人们在日常生活中常常不自觉地把自己的心理特征，诸如自己的个性、好恶、欲望、观念、情绪等归属到别人身上，认为别人也具有同样的特征，比如：自己喜欢说谎，就认为别人也总是在骗自己；自己自我感觉良好，就认为别人也都认为自己很出色；自己觉得自己不漂亮，就觉得别人看自己也不会漂亮；自己喜欢的人，认为别人也喜欢，有时就莫名其妙地吃醋……心理学家们称这种心理现象为"投射效应"。

初入职场，心理要经得起考验

"大事干不了，小事不愿干"，某企业CHO这样评价招收的一位应届研究生。而事实上，这种情况在职场新人身上并不少见。很多人认为自己天资聪明，能力非凡，而且过五关斩六将地成为了公司的一员，就认为自己的能力得到了肯定，就对职场的事务性工作不屑一顾，甚至认为自己应该在工作中发挥独当一面的作用。对此，有关部门发言人指出，这是一个误区，是一种过于理想化的心态。新人初入职场，虽然有着高涨的工作热情，但工作经验、实践能力、职场技能都欠缺很多，指望在开始时就承担重要工作是不切实际的。

从招聘者的角度来说，选拔出来的新人的素质都是很优秀的，但是，他们更希望新人看到自己的不足之处，并且注重提高自身的实践能力。对于职场新人来说，进入职场，最关键的问题就是怎样调适好自己的心理，找到适合自己的位置，踏踏实实地从一点一滴做起。

刚参加工作的职场新人李旭，现在处于这样的工作尴尬之中：他被置于不受重视的部门，从事打杂的工作。李旭认为，自己好不容易找到的工作，不能轻易就离职，但是，现在的工作环境，没有人给他必要指导和提携，工作内容也得不到领导的重视。真是走也不是，留也不是。这就是"蘑菇定律"。

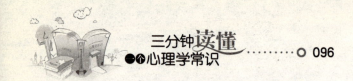
所谓的"蘑菇定律"通常指企业对待初出茅庐者的一种管理方法。需要提醒职场新人注意的是："蘑菇期"的经历对年轻人来说是成长必经的一步，也是必须要接受的心理上的锻炼。初入职场，心理上要对自己的职业有所规划，没有计划等于是计划失败，所以要在充分而且正确地认识自身的条件与相关环境的基础上进行计划，对自我及环境的了解越透彻，越能达到预期目标。而这段"蘑菇期"，正好就是自我认知、认知企业的最佳时期。

有效的职业生涯设计需要切实可行的目标，以便排除不必要的犹豫和干扰，全心致力于目标的实现。如果没有切实可行的职业目标作驱动力的话，人们心理上是很容易对现状妥协的。

有效的职业生涯设计需要有确实能够执行的生涯策略，这些具体且可行性较强的行动方案会帮助人们一步一步走向成功，实现目标。

要放低姿态。职场新人往往会期望着拥有一份挑战与乐趣并存且薪酬丰厚的工作，带着满腔热情，想要大干一番。当期望与现实发生矛盾时，往往又会丧失信心和对工作的热情。因此，职场新人应调适心理，抱着"老老实实做人，踏踏实实做事"的态度，把刚开始的职场生活当成一种体验和学习的过程。

职场新人要主动融入商业社会，培养商业理念。虽然不能接触企业上层的经营管理理念，但是可以多留意和关注财经类的新闻和信息，在具体工作中观察资深人士的工作模式、交流方式等。

凡成大业者，必重"天时、地利、人和"三要素，没有良好的人际关系，在哪里都是无法生存的。能否愉快地工作除了你对工作的兴趣外，很大程度上取决于你在职场人际关系的好坏。人际关系好的人，整天乐呵呵，人人都愿意为他效劳。和谐融洽的人际关系非常重要。实际证明与同事间人事关系融洽将使工作效率倍增。因此，在职场上你就不要用"合则来，不合则去"的随意态度来对待人际关系了。

要优化你的交际技能。优良的交际技能可为你赢得职场中的好人缘。如有的高技术公司在聘人时不仅考察技术，同时，还考察受聘者的交际技能。有很好的交际技能的人在工作中不会破坏工作中的和谐关系，能让工作顺利进行。

在平时的工作中你一定要懂得团结，一定要懂得为对方做点事情，即使那个人是你最讨厌的人。其实能认识和接触一些各式各样的人，哪怕是那些你认为有"毛病"的人，不仅可以拓宽自己的生活与视野，更重要的是对于自我的成长也是有很大帮助的。特别是当你处于危难的时候，同事和朋友向你伸出的那双援助的手，其实正是他们关心你的最好体现，也是你平时懂得为他们做事的最好回报。

在职场中有了良好的人际关系，做事也要踏实稳重，不能急于获得成功。心理学家经过研究发现，凡是那些有所建树的职场成功人士，办事踏实而稳重，并且他们从来不急于求得成功。有些人在职场中过度自信，不了解自己的实际能力，工作时往往会自告奋勇，要求负责超过自己能力的工作，在失败的时候，会希望用更高的功绩来弥补之前的承诺。但是，在这种情况下，很容易出现连败的情况，让同事和领导都认为你是一个能力很差的人。

心理常识：南风效应

法国作家拉·封丹曾经写过这样一则寓言，讲的是南风和北风比赛威力，看谁能把行人身上的大衣脱掉。北风首先发威，一上来就拼命刮，凛冽寒风刺骨，其结果是，行人为了抵御北风的侵袭，把大衣越裹越紧；南风则徐徐吹动，顿时风和日丽，行人因为觉得春暖上身，开始解衣敞怀，脱掉大衣，南风获得了胜利。

南风之所以能达到目的，就是因为它顺应了人的内在需要，使人的行为变得自觉。这种以启发自我反省、满足自我需要而产生的心理反应，被称为南风效应。

第四章　职场心理学

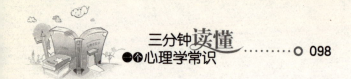

从南风与北风两者所使用的不同方法可以看到：北风遇事焦躁，不加思考，用粗暴行为，往往激怒别人，结果自然是一事无成。而南风却遇事镇定，充分地分析事情，考虑他人的感情，顺其意而行之，采取和风细雨的方式，自然能达到目的。

心中要有敬业精神

敬业，顾名思义就是尊敬、尊崇自己的职业。古人云："凡百事之成在敬业，其败也必在慢之。"敬业是一种人生态度，是做好工作的前提和保证，同时，也是个人生存发展的需要。

我们应该有这样的心理认识，把一件事情做好是没有止境的，好了还可以再好。不能满足于"差不多"，满足于"交差"，而要精益求精，追求尽善尽美。尤其是当前社会上弥漫着一种浮躁的心理，更有必要大力提倡认真、敬业的态度，无论是干工作、做学问都不能毛毛糙糙，敷衍了事。这不仅是工作本身的需要，更是培养职业道德、提高个人修养的需要。

敬业精神一方面体现在工作的主动性上，要时刻把握和突出重点工作，做到早介入、早思考、早研究，增强工作主动性；一方面体现在对领导的服从性上，领导交办的事情，要能办就办、急事急办、特事特办，不推诿扯皮，拖拖拉拉。

敬业精神源于责任心。具有敬业精神的人，不论在何种条件下都能够恪守自己岗位职责。如果是办公室人员，一定要进一步认清所从事工作的地位和作用，增强做好本职工作的责任感、使命感。做工作，没有固定标准的"最好"，只要有责任心，就能做得更好。

敬业是把使命感注入自己的工作当中，敬重自己的职业并从努力工作中找到人生的意义。敬重自己的职业，将工作当成自己的事，专心致力于事业，千方百计将工作做好。其具体表现为忠于职守、认真负责、一丝不苟、善始善终等职业道德。

在当今竞争激烈的年代，许多年轻人以玩世不恭的态度对待工作，他们频繁跳槽，觉得自己工作是在出卖劳动力；他们蔑视敬业精神，嘲讽忠诚，将其视为老板盘剥、愚弄下属的手段。

不敬业，谁会受损失？偷懒的人觉得自己赚了，殊不知当偷懒变成一种习惯，自己也变成了一个平庸的人，最终一事无成。老板不会因为你不敬业走人，企业也不会因为你不敬业而倒闭。吃亏的还是自己。应有这样一种心态面对不公正的工作、老板：你让我不高兴，但你毁不了我这个人。天行健，君子以自强不息。按照这个心态做事，早晚有一天会得到自己想得到的。

敬业是给自己积累信誉资本，敬业的人不是为别人工作，而是为自己工作的。很多人认为敬业是在给老板创造效益，认为给老板做这么多才得到了这一点，心里就有所不平衡。但换个角度想，比如你诚信对待自己的顾客的时候，也是在给自己积累信誉资本。

现代管理学普遍认为，老板和员工是一对矛盾的统一体，从表面上看起来，彼此之间存在着对立性——老板希望减少人员开支，而员工希望获得更多的报酬。但是，在更高的层面上，两者又是和谐统一的——公司有敬业和有能力的员工，业务才能进行，员工借助老板提供的平台才能得以发展。

缺乏敬业精神是个人职业生涯不容忽视的问题，随着资历加深，有的人的敬业度会逐步下降。大部分资深员工"人在心不在"或"在职退休"。而不敬业的员工会给所在公司带来巨大损失，表现为浪费资源，贻误商机以及收入减少、员工流失、缺勤增加和效率低下等诸多影响，这样也就间接地损害到了自身的利益。

第四章 职场心理学

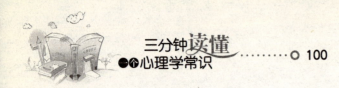

敬业是积极向上的人生理念，而兢兢业业做好本职工作是敬业精神最基本的一条。有人说，伟大的科学发现和重要的岗位，容易调动敬业精神；而一些普普通通的工作，想敬业也敬不起来。其实不然，只要你心中敬业，有敬业精神，任何平凡的工作都可以干出成绩。

如果你在平常工作中，总能提前完成任务，就意味着你能够履行更艰苦的任务、担当更重要的职位，那么，领导对你委以重任就会为期不远了。

优秀的员工都懂得，如果想登上成功的阶梯，就要持有敬业精神，永远保持主动、率先的态度去面对自己的工作，即使面对的是毫无挑战和毫无兴趣的工作，也能够做到自动自发，最后终能获得回报。

企业在用人时不仅仅看重个人能力，更看重个人品质，而品质中最关键的就是忠诚度。在这个世界上，并不缺乏有能力的人，那种既有能力又忠诚的人才是每一个企业企求的理想人才。你的敬业精神增加一分，老板对你的认可也会增加一分。不管你的能力如何，老板会乐意在你身上投资，给你培训的机会，提高你的技能，因为他认为你是值得他信赖和培养的。当公司面临危难的时候，他相信你会和公司同舟共济。

敬业需要团队氛围。在一个好的团队很重要，要是别的人都不敬业，时间长了自己也没有动力了。所以一个敬业的组织，需要一个敬业的团队。

敬业表面上看来有益于公司，有益于老板，但最终受益最大的却是我们自己。当敬业变成一种习惯，我们就会学到更多的知识并从中找到快乐。

心理常识：250定律

美国著名推销员拉德在商战中总结出了"250定律"。他认为每一位顾客身后，大体有250名亲朋好友。如果您赢得了一位顾客的好感，就意味着赢得了250个人的好感；反之，如果你得罪了一名顾客，也就意味着得罪了250名顾客。这一定律有力地论证了"顾客就是上帝"的真谛。由此，我们可以得到如下启示：必须认真对待身边的每一个人，因为每一个人的身后，都有一个相对稳定的、数量不小的群体。善待一个人，就像拨亮一盏灯，照亮一大片。

缓解压力，让心理不再疲劳

人总是贪求太多，把重负一件一件披挂在自己身上，舍不得扔掉。职场中也是这样，有些人总喜欢把别人的压力放在自己身上。比如，看到别人升职、发财，就总会纳闷，为什么会这样呢？为什么不是自己呢？其实只要自己尽了力，做好自己的工作就可以了，有些东西是急不来也想不来的。

工作压力对我们有很大的不良影响，但是，压力可以刺激我们采取一些行动，挑战我们自身的能力，帮助我们达到自己认为不可能达到的目标。问题就在于我们怎么处理、安排和缓解工作中的压力，而不至于因为压力过大而使心理失去平衡。

与其让自己无谓地烦恼，不如想一些开心的事，多学一些知识，让生活充满更多色彩。生活在现代社会，虽然躲不掉压力，但是，我们可以适当地缓解一下工作压力，让我们的生活更加轻松。怎么才能缓解压力呢？

1. 做好面对压力的心理准备

面对工作压力，我们要有心理准备，要充分认识到现代社会的高效率，必然带来高竞争性和高挑战性，免得临时惊慌失措，加重心理压力。

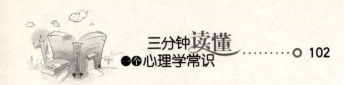

2. 要始终保持一颗平常心

不要跟自己过不去，把目标定得高不可攀，凡事需量力而行。随时调整目标，未必就一定是弱者的行为。职业女性尤其要注意保持一颗平常心，学会自我调节。因为过于沉重的心理压力，必将损害健康，会表现出头晕、偏头痛、失眠，女性会出现痛经、月经不调等症状。保持平常心，心态平和，放松心情，会缓解部分工作压力，有益于我们的身心健康，并且会使我们生活得更加轻松。

3. 正确客观地评价自己

要正视自身的能力和精力，凡事不要勉强，把所有事情尽量进行全面安排，分清轻重缓急。同时，要正确客观地评价自己，对自己的期望值不要过高，办事要讲究方法，寻求支持，学会合理地安排生活、工作时间的同时，要相信家人，朋友以及同事，不要事事亲历亲为，而要发动大家共同把事情做好。

4. 学会装糊涂

良好的人际交往与事业的成功是相辅相成的，它们的关系是互动的。所以，我们要与人为善，做到"大事清楚，小事糊涂"。如果你与同事相处事事计较，睚眦必报，那必定会遭到同事们的反感与回击。职场中工作压力已经够大的了，如果再加上一笔同事之间的矛盾，那我们的压力就更大了。但是，如果我们与人为善，处理好同事之间的关系，人心都是肉长的，那同事在我们工作遇到困难，不知如何解决的时候，肯定会出手相助，那样，不知道会减少我们多少压力。郑板桥一句"难得糊涂"传诵至今，正是因为它道出了人生至理。

5. 不要钻牛角尖

如果碰到棘手的问题，我们没办法解决，朋友同事也不能给予我们帮助，那就随它去吧。已经尽力了，就不要再强求自己，不要因为一次做不好就全盘否定自己。只要我们心理平衡，就不会让我们无法控制的事，带来溃疡病或高血压。如果有什么烦心的事，那我们就说出来，因为心理学认为，把事情闷在心里会让人变得烦躁和易怒，从而会让人很难接触，会被朋友们渐渐疏远，使其在工作生活中都没有朋友，变得孤僻、冷傲。

6. 每天思考一点点

每天给自己留出一点独自思考的时间，这虽然很难做到，但是，只要我们坚持，这会对我们的身心大有好处，是非常值得的。哪怕最忙的日子里，也要早晚抽出点时间，让自己回顾一下近几天的事情，判断哪些是重要的，哪些是不重要的，并且思考一下，有没有解决问题的办法。

7. 寻找娱乐

每天花些时间放松自己，哪怕只是15分钟也可让我们陶醉在自己的爱好中，得到身心的放松。闲时，可以听听音乐或找个地方度假，抛开职场中的压力，让心情得到充分放松，那些日积的压力就会减少很多。当我们重新回到工作岗位上时，我们就能够拿出足够的热情去迎接工作中新的挑战。

8. 用积极的态度面对压力

在充满竞争的都市里，每个人都会或多或少地遇到各种压力。可是，压力可以是阻力，也可以变为动力，就看自己如何去面对。社会是在不断进步的，人在其中不进则退，所以，当遇到压力时，明智的办法是采取一种比较积极的态度来面对。实在承受不了的时候，也不让自己陷入其中，可以通过看看书、涂涂画、听听音乐等，让心情慢慢放松下来，再重新去面对。到这时往往就会发现压力其实也没那么大。

 心理常识：鲶鱼效应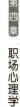

第四章　职场心理学

据说，挪威人捕沙丁鱼，抵港时，如果鱼仍然活着，卖价就会高出许多，所以，渔民们千方百计想让鱼活着返港。但种种努力都归失败，只有一艘船却总能带着活沙丁鱼回到港内。直到这艘船的船长死后，人们才发现了

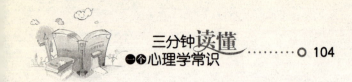
秘密：鱼槽里放进了一条鲶鱼。原来鲶鱼放进槽里以后，由于环境陌生，自然会四处游动，到处挑起事端。而大量沙丁鱼发现多了一个"异己分子"，自然也会紧张起来，加速游动，这样一来，一条条活蹦乱跳的沙丁鱼被运回了渔港。后来，心理学家把这种现象称之为"鲶鱼效应"。

在沙丁鱼之间放一条鲶鱼就会大大促进沙丁鱼的生存意志，人其实也是一样的，有压力会有动力，会促进我们能力的提高。但是，压力要适当，如果压力太大了，自然起不到促进作用，反而得到相反的效果。

工作环境影响人的性格

一个很开通、豁达的人因与一个糊涂的老婆长期生活在一起，逐渐变得小肚鸡肠；一个糊涂、甚至有点不讲道理的人因嫁给一个明事理的丈夫逐渐变得遇事不再斤斤计较；一个爱生气的丈夫被爱说爱笑、好调侃的老婆影响得笑口常开；一个守财奴被会打理财务的妻子影响得不再视钱如命。这一切都说明，环境是可以改变人的。

根据心理学家分析，给一个人比其能力所及稍难的工作，最容易唤醒一个人的干劲。这样发展下去，他的能力会越来越强；反之，如果让一个能干的人变成普通人，只需塞给他一些与其能力不符的无聊的工作就行了。这样发展下去，再能干的人也会逐渐习惯此种退化状态，因而，其能力也会愈来愈差了。

环境影响人，人处于何种环境就会尽快调整自己，以适应这个环境。因此，人在什么样的环境工作，他就会不自觉地、尽快地、习惯地、本能地调整自己，以适应那个工作环境。

通常说"年轻人可塑性强"，意即年轻人的性格可以塑造，这种说法的背后，暗示了工作环境对人的性格影响。而人的一生中，对性格产生深刻的、不可逆转的影响的正是职业。

人一生工作大约30到40年，在此期间，从事哪个行业，这个行业的职业特性必然长期深入地渗透人的思维，改变人的个性，天长日久，职业性格就成了人的性格。比如一个人做了三十多年的销售员，那么，与他相处时，他绝不会"保持沉默"，一定会热情开朗地与你交谈，同时也比较随和，不固执己见；而一个从事了多年会计工作的人，则一般认真细致，相对刻板固执，轻易不会改变自己的主张。这种种不同的个性，正产生于长期的职业熏陶，说明了职业对人的性格影响是极其深刻的。

人的一辈子不一定只做一个行当，可能多次转换角色。比如做几年会计，又做几年人事，再做几年销售，甚至失业、做生意，这个过程中人受到不同职业特性影响和磨炼，阅历丰富了，见识增长了，看问题有了高度，也具备了多重复合的个性，成就所谓"刚柔并济"的性格，这样的人就可能成为现代复合型人才，成为社会经济建设中不可多得的宝贵财富。

在年龄适宜、具备一定的改变潜力的情况下，性格的改变自然会发生。性格发生改变的核心机制，就是"在寻求改变的内在驱动力之下，通过环境刺激或者生活经历塑造人格。

赵伟伟是个看上去颇为文弱的女子。但谁也想不到，长得温柔端庄的她，却是一家大型企业人事部的经理，掌管着几百人的人事调动。尽管看上去是柔柔弱弱的样子，但在工作上，她却是不折不扣的女强人。经常有年纪比她还大的男下属，因为工作上的失误，被她训得鼻子不是鼻子、脸不是脸。尽管她工作上很成功，但还是有很多人对她有这样那样的看法。有的人觉得她在性格上太像男人了。

某城市一大学心理学院教授说，女强人主要体现在职场范畴。因为职场竞争并不会因为员工是女性，就会有所照顾。职业对一个人性格的要求，是从能确保工作圆满完成的角度出发的。因此，一些男性化的特

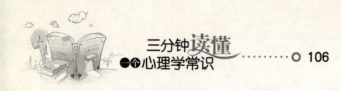

征，如理性、雷厉风行、不徇私情等，往往占据着优势地位。这些特征有些与女性原有的性格特征相吻合，有的则需要在工作中去塑造。

人会注重性格表露与环境是否吻合。在生活中表现柔情、细腻，是丈夫温柔的妻子、孩子慈爱的母亲；在工作中严格要求自己，希望自己是下属眼中令人敬畏的老板和上司，这是职业环境所决定的。

小王是某城市知名珠宝店的营业员，每天她都要在下班后负责把价值不菲的珠宝清点收好，如果不小心弄丢了一件就要按金额赔偿。工作了一段时间后，同事们发现小王有点不对劲，明明已经收好珠宝了，刚出店门又忍不住要回来再看一眼，甚至经常晚上打电话给店内保安请求帮忙再确认一次。小王之所以会有这种表现，就是受到了工作环境、工作性质的影响，职业职责造就职业性格。当然，这样的表现对小王自身的身心健康是极为不利的。心理专家建议她放松情绪，正确对待自己的工作，不要过度紧张，给自己太多压力。

一个人通常不能改变环境，环境却能影响人的性格发展，若想性格不受工作环境影响，就要找和自己性格行为习惯不发生或者很少发生冲突的工作环境，但是，即便这样也还会受到环境的影响。换句话说，性格是生活经历塑造出来的，生活和时间，是性格的雕塑师，而工作，就是雕塑师手里的一把雕刻刀。

心理常识：标签效应

当一个人被一种词语名称贴上标签时，他就会作出自我印象管理，使自己的行为与所贴的标签内容相一致。这种现象是由于贴上标签后引起的，故称为"标签效应"。

心理学认为，之所以会出现"标签效应"，主要是因为"标签"具有定性导向的作用，无论是"好"是"坏"，它对一个人的"个性意识的自我认同"都有强烈的影响作用。给一个人"贴标签"的结果，往往是使其向"标签"所喻示的方向发展。

由此推之，当一位员工被老板认为某些方面能力不行，他也肯定会对自己这方面的能力产生怀疑，进而对自己失去信心，即使他有这方面的能力，也不会再表现出来了，员工会认为"老板已经认为我的能力不行，我还表现什么呀"。

找准自己的位置，认真对待工作

无论做什么，都不要看不起自己的工作。许多人认为自己从事的工作不够体面，甚至低人一等，于是，他们轻视自己所从事的工作，无法全身心地投入到工作中去，他们在工作中敷衍塞责，得过且过。

如果一个人在心理上把工作分成了三六九等，看不起自己的工作，那他肯定做不好工作。其实，工作本身没有贵贱之分，只是人对待工作的态度有高低之别罢了。

如果一个人对自己的工作抱以轻视的态度，那么，他在工作过程中感受到的肯定不是愉悦和快乐，而带着厌烦和抵触心理自然也无法把工作做好。如今，有很多人对待自己的工作不够认真，不能把工作看成自己的事业，只视其为维持衣食住行必须去做的事情，认为工作是无可奈何，迫不得已的劳碌。持有这种观念的人，不会在自己的工作中取得多大成绩，将来也不会有什么大的发展。

如果你能认真地做好一份工作，那么，一些更好更大的机遇，就会向你招手，你也就更有信誉和业绩，这就是所谓定性发展。只有认真地对待自己的本职工作，并且不断地提高自身的综合能力，你的事业才能步步攀高。

人生几乎一半的时间都在工作，在日益激烈的竞争中，人们经常超负荷运转，使得身心俱疲。很多时候，因为太累，或者自身的目标无法达到，或者是受周围人的影响，内心浮躁不安……厌职情绪就会慢慢袭来。

厌职情绪的出现相当普遍，心理学家把它解释为内心潜在的危机感和焦虑。既然已经感到了危机和焦虑，就应该着手做防卫的准备。产生厌职情绪的人通常性格活跃，兴趣广泛，不愿意做重复劳动，需要新奇事物的刺激。所以，在工作中经常尝试一些变革和突破，会有效地缓解心理的厌倦情绪，从而使你能够认真对待工作，化不利为有利。

一个人虽被赋予某一职位或权力，但没有去考虑自己的本职工作，没有去行使自己的权限，就不可能完成任何工作，这就是典型的消极怠工。这样的人把上级赋予的资源浪费了，在自己的岗位上玩忽职守，只会做一些表面文章，造成迷雾现象，一旦让领导有所觉察，识破真相，肯定会被停职处理。

由于存在厌职心理的人不能认真对待自己的工作，会使其他正常工作的人也产生仿效的情绪、比较的心理，这就像一颗成长迅速的毒瘤，很快就会蔓延开来，影响整个企业的发展和维持。最终，不仅公司深受其害，公司员工也都会遭受其恶果。所以，职场中人身在其位，必须要谋其政。摆正自己的位置，认真对待自己的工作，知道自己该做什么，能做什么，尽自己所能把工作做好。

权责是个框架，上层管理者的职责是指引方向，确定路线，谋划战略，统领全局，并且进行必要的监督与控制，对中层管理者给予必要的支持辅导，扮演好领袖、导师与教练的角色。中层管理者需要尽的职责就是完成每一个环节的任务分配，监督项目的实施，与上层和下属之间能够进行良好的沟通，使项目顺利进行。基层人员要做好自己的本职工作，在工作中如果遇到什么难处，应该及时向领导汇报，以便在最短的时间内得到解决，不延误工期。

有些人非要做超出自己权限范围的事，导致心理压力过大，反而徒增烦恼。现代人可以积极竞争，挑战极限，挖掘自己的潜能，但盲目挑战极限会在激发潜能的同时透支人的生命。所以，挖掘潜能要适可而止，照顾好自己才是真正懂得生活的人。

在我们的工作中，每一个人都有属于自己的位子。即便得意时也不可忘形，不小心把手伸到人家的地盘上，难免不受到上司的戒备，同僚的排挤。把本职工作做好，对于超出自己工作范围的工作，即使能力足够，也不要轻易插手，如此才能不越位、不越权，才能走出一条平稳的发展之路。

有些场合，如与客人应酬、参加宴会，有的人作为下属，张罗得过于积极，比如同客人认识，不管领导在不在场，便抢先上去打招呼。这样，往往也会引起领导反感。我们在团体中，应该根据现实情况找准自己的位置，认真对待属于自己的工作，不要让自己越位，也不要让别人占据了自己的位子，这样，才能够保证团体成员间的协调合作，推动共同的事业向前发展。

心理学家指出，人在职场中，确定好自己的位置，看清自己的能力与权限，认真对待自己的职业，就能收获属于自己的成就。在工作中，如果静下心来，认真地对待，一切麻烦，都会迎刃而解。认真的力量，真的是无尽的。

心理常识：飞轮效应

为让飞轮转动，一开始时需要用很大的力一圈圈地推。当达到某临界点后，就算不用力气，飞轮依旧快速转动，因为此时飞轮的重力和冲力会成为推动力的一部分。在职业发展中，也存在这种现象：开头必须付出艰巨的努力才能使事业之轮转动起来，而当事业一旦走上平稳发展之路后，一切都会好起来。这就是"飞轮效应"。

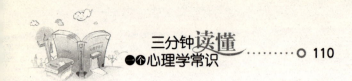
升职更需要谦虚谨慎

在职场，所有的人都需要随时面对彼此关系的转换，能适应各式各样的职场角色。这正是公司一个有趣的地方，这是工作所衍生出的很重要的附加价值。一个人在职场中得到了肯定才会被升职，升职也是一个人自身价值的更大体现。作为晋升者，当平素的同事关系一下子变成上下级关系时，有时候会缺少心理准备，可能很难从角色上迅速转变过来。

很多人晋升之后，职业道路反而会越来越窄。因为衡量一个人工作成绩的优劣，可能只看个人自身的表现，但是作为领导，就要讲究自己与周围环境的协调。一味地在工作中严于律己固然好，但若与同事龃龉过多，也会成为成功之路的暗礁，不可小觑。想避免与原来同事的矛盾的一个好办法就是用你们以前经常的沟通方式进行沟通，单独相处，把话摊开，你要主动，毕竟你们的地位发生了变化。

中国人很在意人情，这是优点，但同时也带来一个危机：很难真正做到公私分明。原来的同事如果因为你升职而心里不自在，对你冷言冷语，这个时候千万要冷静下来，不能因为同事而影响自己的工作积极性，更不能也冷眼相对。自己应该反思是由于自己平时对人处事方式方法上面还比较欠缺，引起同事的误会，还是其他什么原因。如果是误会，应该主动地在适当的时机和同事进行沟通，消除隔阂。如果是由于自己升职而产生的矛盾，那么，应该争取同事的理解和支持，在今后的工作中做到相互帮助，共同进步。

有一种人在自己原有的岗位上能行事自如，得心应手，可是一旦得到提拔，反而施展不开，处处受阻。这就是没有管理能力最明显的体现。执行力和管理完全是两种不同的工作方式，能够把事情做好的人，并不一定能管理好做事的人。这种人在升职之后，经过一段磨合期，如果仍然不能胜任，再恢复原职也一般做不出升职前的状态了，其原因是心理上发生了微妙的变化。

升职的人要以一颗平常的心态看待自己的升职，摆正自己的位置。要保持谦虚谨慎的态度，戒骄戒躁，不能因为自己升职而自高自大。升职虽然意味着更丰厚的薪资、更舒适的工作环境，但是，升职的人一定不要被喜悦冲昏了头脑。所以，在你升职之前，请做好最后一项准备：传授。一个企业，提升一个员工，那这个员工从事的岗位必然是有一定重要性的，如果员工的提升，给原有重要的岗位造成了威胁，对于企业来说，或许是得不偿失的。让一个合适的人具备接替你工作的能力，往往是你升职的必要条件。很多人在这一点上都显得不够大度，认为把自己的工作技能传授给他人，似乎是肥水流到了外人田。可从企业的角度来说，企业需要有能力的人，并且需要能够把自己的能力传授给他人的人。

人与人之间的相处之道，就在于对双方身份、关系变化的准确把握。这或许和很多朋友的价值观并不相符，但很遗憾的是，任何人际关系都是有条件和边界的，如果忽视这种条件与边界，一味地用自己对友谊、人情的理解，去套接到身边的人身上，是你的不成熟。

对于晋升的朋友来说，升职后，自己的角色不同了，与朋友拉大一些心理距离是必然的，这无需内疚或不安。要学会尊重彼此的心理距离，包含尊重他人的人格、他人的个性习惯、他人的权利地位、他人的情感兴趣和隐私等。作为好朋友，一定要了解对方这些心理需求，少开

玩笑或不开玩笑，尤其不要在办公室开玩笑。再亲密的朋友在职场中都需要"保持适度的心理距离"，这也意味着各自拥有一些独处的时间和空间。

但另一方面，也要维持和原来同事的友谊，不要因为过分明确上下级的等级，而拉远了彼此的距离。因为朋友的关系对一个成功的领导者来说，无疑是一笔宝贵的财富，只有拥有一个稳固的人际圈子，才会将职场之路走得顺利。

要提醒的一点是，无论大家怎样维护，如果出现了职位上的差异，甚至还存在隶属关系，那么，你们之间的相处，不可能还能保持原有状态，对于变化，你要有足够的心理准备去迎接。

心理常识：流言效应

《战国策·秦策二》记载，曾参是古代一位有名的贤人，他十分重视品德修养，每天都要三番五次地反省自己。他的母亲对他十分了解，相信自己儿子不会干出杀人之事，但经不起众口一词，再三告以"曾参杀人"，便再也坐不住，放下织布的梭子翻墙逃走了。后人以"曾参杀人"一词来比喻流言可畏。

社会上的流言蜚语常常以讹传讹，流言一进耳，便会让人不辨真假。有些人出于某种目的，蓄意编造谣言，一经传播，便会成为一种精神上的"传染"，一传十，十传百，若有人从中推波助澜，则会影响更多的人。

失业，挑战你的心理承受力

如果被解雇了，你会像电影里所看到的那些怀才不遇的人一样，表现得万分恼火，摔门而出，让愤怒占据你的理智吗？如果你失业了，这个时候你一定要管理好自己的情绪，你要知道自己如此摔门而走，会给别人留下多么糟糕的印象。对方将永远用负面的目光看待你，而你以后或许不在这个单位干了，但是，你很有可能还在这个行业工作，摔门而出只会让人觉得你很没素质。

失业对现代人来讲，已成为司空见惯的事，尤其是青年人。失业会给人带来沉重的心理负担，甚至心理障碍。那么，究竟会带来怎样的心理障碍呢？

1. 焦虑

失业造成当事者减少或失去收入来源，不仅工资收入没有保障，而且其他福利性收入也失去保证。经济收入没有保障，会使心里产生焦虑情绪。

2. 极度自卑

失业使人的心里产生焦虑，而焦虑的结果是对当事人的自尊心造成伤害。丈夫长期拿不回工资，生活拮据，经济危机往往导致家庭危机。有位失业的父亲抱着女儿哭泣，嘴里始终重复着一句话："爸爸没本事，给你挣不回钱来。"这种深深的自卑感，导致自暴自弃，给个人、

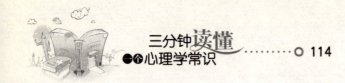
家庭以及社会带来深刻的负效应。

3. 意志被摧毁

失业使人心理上产生自卑。长期自卑会使当事人出现意志消沉，即当事人对任何活动都缺乏明显的兴趣，对一切都不关心，情感冷漠。在个人生活方面也显得极懒散，且不注意个人卫生。有些人还常常独处一隅，性情孤僻、行为退缩，表现出严重的心理障碍。

心理上在长时期内承受一定的压力，会威胁到身体的健康。焦虑和压力攻破身体的免疫组织会导致头痛、高血压或者溃疡等。有的人猛然就发现自己的体质变差了，感冒总也好不了，或者天气温度一变化就感冒，就是因为有心理压力的缘故。

适度的担心是有益的，它可以促使你努力学习，积极进取，这就是所谓的动力，它能使人具备进取心。但是，整天烦恼，情绪不稳，影响人际关系，甚至觉得生无希望，就把动力变成了阻力。短时间的痛苦和调整是可以理解的，长久的不能解脱就不正常了。健康的做法是面对现实，以失业为重新设计自己未来发展的起点和机会，振作起来，战胜自我，总结失业的原因，提高自我素质和能力，勇敢地迎接新的挑战。所以，当你觉得你的担心超过了有利的尺度，就需要调整自己的心理了。

心理学专家认为，首先要转换想法，化解失业的焦虑。他们建议，可以把失业想成是一种福气，工作了那么久，是老天要让你身体休息。要有观念上的转变，不要把失业看成是世界末日。在理性的基础上，保持乐观、向上的心态，培养不畏艰难、肯吃苦的意志，相信自己不但会有一份自己满意的工作，在人生的其他方面也会取得成绩。

有位哲人曾说过，在生活顺境的时候人很难找到自我，因为安逸的生活增长了他的惰性；而生活在逆境的时候，恰恰是对一个人的成长最有益的时候，因为他要去超越自己。失业不代表你不好，只证明那个工作不适合你。人的智能表现是多方面的，在失业后自己开创就业机会时，你可以根据自己的特长进行选择，充分挖掘自身的潜力，以便发挥出自己的光和热。你可以找个更好的工作。

其实，工作上的暂时空白，反而会是身心成长的大好时机。别急着找到下一条工作跑道，不妨停下脚步，检视自己，利用这个机会找回生活上的平衡。许多事想做却一直没时间，不论是出国旅游、健康检查或学习新知等，这下有了时间，就该善待自己了。充电之后，再出发时，脚步会更强而有力。

对于那些对简单生活而甘之如饴的人，初期失业的焦虑过后，发现自己其实赚到更多的是生活，已经卖命给工作一段时间的他们，也才真正觉得开始"为自己活"。

必须指出的是，在转职待业之际，最大的情绪困扰，就是来自自信心的受损甚至丧失。与其焦急地四处找工作，此刻更该做的，其实是先找回自信，因为没有雇主会雇用缺乏自信心的人。

要树立实现自身价值的自强观念，开拓新的自我价值。李白在一首诗中写道，天生我才必有用，这句诗之所以流传至今，所为人们乐道，就是因为它是一句至理名言。

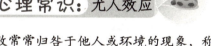

心理常识：尤人效应

在心理学研究中，人们把自己失败常常归咎于他人或环境的现象，称为尤人效应。日本早稻田大学的心理学家在1000个人当中做过一项测试，询问每人三件不愉快的事是什么原因造成的，结果有991人认为是由他人造成的。

现实生活中，有的人一遇到困难或失败，首先是埋怨指责他人，认为老天不公正，不给自己机遇或环境太差，自己的才干无法发挥出来，或者是有人故意要压制自己，怕自己出头盖了他等等尤人之语。这种尤人的结果，使自己的工作越来越难做，自己的脾气越来越糟糕。一事当前，不是千方百计想办法战胜困难把工作做好，而是先指责埋怨一番。用黄金般宝贵的光阴，换来一大堆无用的指责埋怨，这是尤人最悲哀之处。

心理学常识

心理学常识

用人管人心理学

——用"心"当老板，拥有新业绩

在竞争日益激烈的今天，谁拥有人才，谁就掌握了主动权，就拥有了克敌制胜的法宝，就占据了竞争的制高点。于是，如何使人才发挥出最大的能量便成为每一位企业管理者关注的问题。其实，只要你懂得用人管人的心理学知识，学会用"心"当老板，那么，管理人才，让人才发挥最大效用就不再是问题。

分析性格心理，把人放在适合的位置

在人力资源管理中，用人和留人也许是最让管理者们头疼的两个环节，而恰恰正是这两个环节左右着企业的命运。人才用好了，企业就会高速发展，反之，企业就会面临巨大的竞争压力。所以有人说，企业成也人才，败也人才。

用人一定要相信人，既要相信他们的能力，又要相信他们的品德。如果管理者过分猜疑多心，那么，企业就会无有用之人。不能重用人才，企业又如何做大呢？因为企业越大，事情越多，需要的人才就会越多，管理者不可能事必躬亲，他必须放权用人，放心用人。只有管理者懂得用人，企业才能做大，这是所有企业发展的铁律。实际上，人用好了，留人就成功了一半。

做领导要知人善用，不能嫉贤妒能，更不能听信谗言，压抑优秀人才，那样会使企业氛围恶化，损害领导威信。

领导用人也不能有近亲心理，所谓"近亲心理"，指决策者以血缘关系作为用人的标准，致使组织家族化的倾向。人事上的近亲繁殖，扭曲了用人标准，压抑了人的成长和能量的释放，导致山头林立，内耗严重、管理混乱，最后导致组织目标不能实现，组织崩毁。

人才也是人，不是神，谁也不可能样样都好，管理者要克服求全心理，选拔人才眼光看得远一点，不能苛求，要宽容。对有争议的人才总

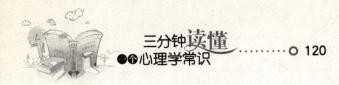

是处于犹豫彷徨之中，错过用人时机，既延误了人才的使用与发展，又使组织的事业受损。

在用人管人心理学中，要想管理好一个企业，领导者必须知其长短，这样才能知人善用。但是，如果你不懂性格心理分析，可能会在"人力和财力"这两大方面造成成本的流失和浪费。因此，心理学认为，领导者必须掌握不同性格人的长处和短处，从而扬长避短，使其为企业发挥最大效用。

一个善于用人、善于安排工作的领导会在管理上少出许多麻烦。他对每个雇员的特长都了解得很清楚，也尽力做到把他们安排在最恰当的位置上。招揽人才固然重要，但更为重要的是爱惜人才，善用人才。管理者不仅需要有求贤若渴的精神，更需要爱惜和关心人才的良策。合理报酬，优惠的条件以及老板的人格魅力是留住人才的关键。当年刘备如果没有三顾茅庐请诸葛亮出山，也许就不可能有后来的三足鼎立。

成功的领导者都有一种特质，就是善于观察别人，并能够吸引一批才识过人的人士来合作，激发共同的力量。这是成功者最重要的、也是最宝贵的用人经验之一。

钢铁大王卡耐基曾经亲自预先写好他自己的墓志铭："长眠于此地的人懂得在他的事业过程中起用比他自己更优秀的人。"任何人如果想成为一个企业的领袖，或者在某项事业上获得巨大的成功，首要的条件是要有一种鉴别人才的眼光，能够识别出他人的优点，并在自己的事业道路上利用他们的这些优点。

美国著名管理学家杜拉克指出："有效的管理者择人任事和升迁，都以一个人能做什么为基础。所以，他的用人决策，不在于如何减少人的短处，而在于发挥人的长处。"但是，作为一个领导，不管是空降兵，还是从一线员工提拔起来的，在企业里总会面对形形色色的员工，有初出茅庐一张白纸的应届大学生，也有升迁潜力巨大的竞争者，甚至还有辈分比老板都大的"开国元老"。如何用其所长，最大化地发挥人力资源效用是每个管理者的核心课题。

其实，很多时候一个优秀的人才往往是优缺点一样突出，如果管理者只是盯着他人的缺点不放，人才就会从我们的手中溜走。所以，发现人才就需要明察秋毫，因人制宜，扬长避短，人尽其能。破除资历偏见，适当委以重任，为人才提供施展才华的舞台，需要领导者独具一双慧眼，这样才能人尽其才。

一个有智慧的领导者，在用人的时候既善用人长，又善用人短。比如遇事谨慎小心、思维缜密的人就让他当质检员，让有耐心、忠厚老实的人去当行政秘书，而让脾气暴躁、争强好胜的人担任消防队长或保安队长，最后让热情大方、能说会道的人去搞公关接待。这样一来，企业单位的一切便都秩序井然，效益自然会见好。

心理常识：无声效应

在管理心理学中，人们把无声胜似有声的效应现象，称之为无声效应。

人们在日常生活中，总是处于一个有声的环境中。一旦有声的环境被无声所取代时，人们对无声就会引起强烈的关注，会追寻其缘由，从而成为注意与感知的中心。这种效应强度与这种心理反差强度成正比，也就是说，在同样的条件下，无声与有声的心理反差越大，其效应强度就越大。另外，无声的氛围往往会产生一种与有声时不同的沉闷压力，这种压力会使人更向往有声的环境，期待这种无声的沉闷氛围早日过去。还有，平时人们总是处于有声的氛围中，一旦突然变得无声时，人们就会感到特别好奇，就会处于戒备心态，而且会变得敏感多疑，想得特别多，从而产生了有声时所没有的一系列心理变化。

第五章　用人管人心理学

让员工信任你，他们才会从心里服从你的管理

员工在企业里的工作，是鉴于企业信任员工，员工信任企业，双方在相互的信任基础上达成工作关系。既然员工已经被招进企业参加工作，企业无论是老板还是人力资源部门都要给予信任。企业要明白为什么要用人不疑？这是信任，信任的是品德和能力。但是更要让员工信任企业，信任管理者。

当你坐上老板的位置后，你会发现，"老板"与"管理者"并非完全等同。老板是一种职位和头衔，而管理者意味着"领导力"。职位和头衔只能让人"口服"，只有领导力才让人"心服"。从老板变成让人口服心服的管理者，你首先要让你的员工信任你，让他们从心里就服从你的管理。

公平是团队管理最重要的原则之一，作为一个领导，员工都在看着你。员工在工作中能否最大限度地发挥出自己的才能，这与企业里的工作氛围是密切相关的。创造信任的环境，非常重要的一点是要有一个公平的环境，不能说偏向于哪个员工，要一视同仁，否则，让员工感觉到领导偏颇，待人不公，员工便不会与你一条心干事业。管理者要发挥员工的主动性、创造性，就要对其个人表示足够的尊重，公平地对待他们是一条有效途径，这包括资源的分配、任务的分配和与他们的坦诚沟通。管理者对待新老员工的态度也不能是双重标准，要公平公正。

刘杰在一家知名企业的销售部工作。他人有能力，做事沉稳，但是，他表示很不喜欢目前所工作的单位。他有两个理由：一是他认为公司管理者虽然口口声声说重视家庭的价值，但是，却让公司员工没完没了的加班，这让员工根本无法与家人共度节假日，管理者的这种空头支票已经许了太多，他无法再相信管理者的话；一是他认为在这里工作没有多大前途，老板只知道榨取员工，让员工拼命为其工作，却毫无领导魅力可言，他很难想象这样的领导者能够带领出优秀的团队。因为对公司有了这两项深刻认识，所以，刘杰正谋划着到别的企业工作。

不懂得善待员工、回报员工的管理者是不会得到员工的信任和追随的，当员工感觉自己在企业的付出与回报不能成正比的时候，心理失衡。于是，员工的职业生涯也开始了从一家企业向另一家企业进行变迁，这就是跳槽。

为了避免员工的流失，作为一个管理者，应该为企业完善薪酬福利制度，这样可以让员工解除付出与回报不等的忧虑，让员工心理上得到平衡。企业能得到员工最起码的信任，员工才能够全身心地投入到工作中去为企业创造出更多的经济效益。作为领导，你不能为了调动员工的积极性就许诺"空头支票"，那样调动员工的工作积极性，员工会越来越没有积极性，而且对做领导的你也会越来越不信任。当领导就要说话算数，以身作则，那样你才能服众，才能得到别人的信任。

心理学家认为，作为一个领导，你要让员工看到你的能力，向员工证明你是可以依靠的。你要适当地展示那些能够证明你有能力领导企业和拥有权力的知识和技能。当外界给予你的团队压力时，你得站出来，要给员工一个遮蔽物。而当企业遇到困难的时候，领导者必须发出清晰的信号，让员工知道怎么回事，该做什么，员工就会感受到他就是这个团队的成员以及他的责任。除此之外，你要建立和善亲近的人际关系。你不仅要努力做一个和善的、有领袖魅力的老板，而且必须要不断地展示你有能力做一个领导者、指挥者、问题的解决者、成果的开发者。

第五章 用人管人心理学

管理者要重视与员工的沟通，及时地掌握企业里的基层信息，尤其是一些不同于平常的信息。老板要经常地进行走动管理，让员工能够感受到老板就在我们身边，老板在关心我们。与那些不太接近你的人做好沟通，可以把他们按照四五人一组，分成多个小组，在一个能让他们感到舒适和自由的"安全区"里，用一个小时的时间与他们交流，了解他们的要求和关心的问题并给予解答。知之为知之，不知为不知。多数员工能够很快觉察出谎言，所以，在回复问题的时候，态度一定要诚恳。如果你不知道，就努力去寻找答案并且将这个功劳归给那些知道答案的人。一定不要为了虚名把自己的诚恳给丢了。

每个员工都有自我实现的愿望，他们的心声如果可以被上司倾听、理解并予以支持，他们就会将信任化为前进的力量，主动地提高自我效率和团队合作效率，所以，成功的领导大多善于倾听、善于沟通。

还有一点，就是不能贪污，不管是从客户，还是从其他的员工中，如果你把钱放进自己的口袋了，那只能让别人在你的背后说三道四，甚至都向你看齐，学习你的利己行为，这样的企业是发展不起来的。

心理常识：海潮效应

海水因天体的引力而涌起，引力大则出现大潮，引力小则出现小潮，引力过弱则无潮，这就是海潮效应。

人才与社会时代的关系也是这样。社会需要人才，时代呼唤人才，人才便应运而生。依据这一效应，作为国家，要加大对人才的宣传力度，形成尊重知识、尊重人才的良好风气。对于一个单位来说，重要的是要通过调节对人才的待遇，以达到人才的合理配置，从而加大本单位对人才的吸引力。现在很多知名企业都提出这样的人力资源管理理念：以待遇吸引人，以感情凝聚人，以事业激励人。

关心，拉近你与下属心理上的距离

心理疾病和精神疾患几乎困扰着各个阶层、各个年龄段的人，企业员工的心理和精神隐患也呈逐年上升趋势。面对如此形势，且不说员工个人是否应该主动寻找解决之道，对于管理者来说，采取有力措施帮助员工降压 减负，关心并保护员工的身心健康，无疑应该成为管理者面临的一项重要而紧迫的任务。

事实上，关心员工的心理健康，就是关心企业的健康成长和持续发展。美国经济学家西奥多·舒尔茨和加里·贝克尔提出人力资本是企业竞争力的最主要因素。而心理健康问题的凸显，会严重影响劳动者人力资本的质量，从而影响人力资本的收益。

管理者是率领一个团队来完成工作的。只有关心下属，赢得下属的尊敬，你才能真正建立自己的影响力。这一道理，管理者可以说是无人不知，无人不晓，但是，真正能恰到好处地关心自己下属的却很少。

有些管理者认为给下属一些小恩小惠，就是关心自己的下属。其实，小恩小惠只能博得下属一时的欢心，而更多的下属关注的是自身的职业发展和综合能力的提高。一旦你满足不了下属稍高一点的需求，下属就觉得你不是真正关心他们。况且小恩小惠往往是以牺牲团队整体利益为代价的，一旦曝光，对自己也很不利。

关心下属，重要的不在说，而在做。要让下属感觉到你真正在为他

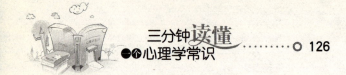

们的期待而努力、而行动，比如在上司、同事面前夸赞你的下属，给下属展露才华的空间，放手让下属挑重担，这都是对下属的一种关心。

刘先生在一家装饰公司任职，春节期间，公司老板决定提前放假。因为公司是按项目制运作的，所以，老板觉得没有项目坐着没事，不如早放假回家，让大家多休息几天，年后旺季到来加班时，员工不许有怨言，要好好努力把工作做好。老板这样决定，公司也没有损失什么，而过年时，员工也能在家里多待些时间。

小李在一家美容保健品公司做企划和设计，这家公司老板很关心下属员工，临近春节，他提前半月托关系替小李从火车站买了票，这使在外地打工、人生地不熟的小李深深地感动了一回。小李感激涕零之际，更加卖力地为老板工作，以还老板这份情。

刘先生所在装饰公司的老板算是明智的，在这里没事不如提前放假，多在家待一段时间，好旺季到来时加班苦干；小李美容保健品公司的老板更是精明，他懂得如何"俘获"员工的心，让他死心塌地为自己"卖命"，也许利用自己的关系，买张票只是举手之劳，而对身在异地做工的李先生来说，却是一个不小的恩惠。

管理员工要按制度、按规定，这无可厚非，但是，管理更多的是灵活性，因人制宜，因地制宜，因时制宜，而不应该死搬硬套，多关心一下下属员工，管理下属时多点人情味，也未尝不可。现在提倡人性化管理，管理者如果能从下属员工的角度着想，关心员工，为员工解除后顾之忧，"人非草木，孰能无情"，你的员工自然也会惦念这份情谊，回报老板、回报企业。

人都有情绪低落的时候。下属情绪低落，自然有他低落的道理，作为管理者不要去直接问他为何而低落，这样只会让他回忆起那些让他低落的事。你可以从旁人那里了解一下他的情况，一方面其他下属会感觉你有领导魅力，感觉你很会关心你的下属，另一方面可以给你更充裕的时间去想对策解决下属情绪低落的问题。

了解一下情绪低落的下属是受什么影响而致使情绪低落，如果是因为某个工作环节出错而导致的，那么，尽可能地去开导他，鼓励他以及激励他，并且告诉他如何才能做得更好；如果是因为工作繁忙而影响心情，导致心情低落的话，你可以跟他讲一些方法，讲讲如何让工作变得更快、更轻松。

在企业员工的职业生涯管理中，有三个职业敏感期需要特别关注：职业"青春期"、职业"高原期"和职业"更年期"。处于职业"青春期"的员工，最主要的特点是探索职业、适应组织和探索适应过程中表现出的焦虑、躁动和困惑；处于职业"高原期"的员工是指那些早在退休前，就达到晋升顶点的员工，他们会感到工作受阻或缺乏个人发展与晋升空间，种种受挫感，可能导致其情绪异常，工作态度不稳定，工作绩效不佳；处于职业"更年期"的员工是指那些即将退休，心理上有失落感、不安全感等的职工。对于这些员工，管理者应该给予更多的关注和关心，使他们能够心理平衡，顺利地度过职业敏感期。

 心理常识：紫格尼克效应

"紫格尼克效应"也称"自圆心理"。它的由来是因为有一位叫紫格尼克的美国心理学家，给138个孩子布置了一系列作业，让他们完成其中的一部分，另一部分则被中断。一小时后对这些孩子进行测试，结果发现，多数孩子对中途停顿的作业记忆犹新。

由此，紫格尼克得出结论：人们对已经完成的工作较为健忘。因为"完成欲"已经得到了满足，而对未完成的工作则在脑海里萦绕不已。于是，心理学家将人倾向于把一件事情做完的心理称之为"紫格尼克效应"。

尊重，用心感动你的员工

随着知识经济的迅猛发展，在现代企业管理中，激励员工，特别是知识型员工，光靠物质利益，已经很难奏效了。而发自内心地尊重员工，这样一种非经济激励方式，则越来越显示出其重要性。

每个员工首先是一个追求自我发展和实现的个体人，然后才是一个从事工作有着职业分工的职业人。作为一个管理人，必须对这一点有一个清醒的认识。

马斯洛的需求层次理论告诉我们：人的需求遵循生理需求、安全需求、被尊重需求、人际交往需求和自我实现需求的递增规律，只有高层次的需求得到满足之后，人们才可以更加安心地工作，更愿意全心付出，达到自我管理和自我实现。

李卓经营着一家大型制造类企业，工作中不仅自己兢兢业业，而且对下属要求极高。他管理严格，要求他的下属在上班时间不得擅自离岗，不得做与工作无关的事情，不得闲聊，不得接打私人电话，所有的时间都得在工作，即便有些工作没有任何意义。他还要求员工每天陪他加班，为了他的公司需要，他重新分配了员工的休息时间。他这样想方设法地占用员工的时间，引起了员工的怨言。员工抱怨自己完全没有私人的空间和时间，随时都被其管制和监督，好像自己是被卖给了公司。员工的自由受到了严重的限制，他们说"快要疯掉了"。

李卓属下的员工被尊重的需求显然没有得到满足，李卓的工作也因此陷入了被动，士气低落，效率下降，人员流失，管理混乱等问题接踵而来。

尊重员工是人性化管理的必然要求，只有员工的私人身份受到了尊重，他们才会感到被重视，被激励，做事情才会真正发自内心，才愿意和管理者打成一片，主动与管理者沟通想法、探讨工作，才愿意完成上司交办的任务，甘心情愿为工作团队的荣誉付出。

现在提倡人性化管理，人性化的管理就要有人性化的观念，就要有人性化的表现，最为简单和最为根本的就是尊重员工的私人身份，把员工当做一个社会人来看待和管理。

员工在现代企业里工作，薪水是一个重要方面，但不是员工的全部需求，他们需要被尊重，同时，需要得到管理者的认可和发展的机会。

与公司给的薪水的回报相比，有的员工更渴望在企业里有机会得到锻炼和发展，在业务上能独当一面，在职业规划与成长上有所提高。企业要让员工认同企业的发展与未来，就要让员工了解企业，接近企业，企业要有意识地培养员工，尤其是那些有上进心、年轻的员工。因此，企业的各级领导者要关怀和尊重每一位员工的成长，采取不同方式与员工进行沟通，了解员工的所思所想，并尽可能满足员工合理的要求，为员工提供更广阔的发展舞台。

被列为美国企业界十大名人之一的IBM创始人华德森常说：作为一个企业家，毫无疑问要考虑利润，但不能将利润看得太重。企业必须自始至终把人放在第一位，尊重公司的雇员并帮助他们树立自尊的信念和勇气，这便是成功的一半。

企业文化的核心是激发每个员工的潜能，让每个人都喜欢公司。员工需要感动和温暖，所以，管理者要专心做一件事，那就是尊重每一位员工。

作为一个管理者，要想调动员工的积极性，首先要学会尊重自己的

员工。尊重员工，不仅仅要尊重员工的人格和各种需要，自然也包括尊重员工的辛勤劳动。

海尔在对员工的荣誉激励方面就别具一格。他们直接用员工的名字命名他们不断改进的工作方式，这是对员工作出的努力和奉献的最大尊重和肯定，员工们也都以此为自豪。这也极大地激发和调动了员工的积极性和创造欲，增强了企业的向心力和凝聚力，企业由此更加生机勃勃，兴旺发达。

懂得调动一切积极因素激励员工、开发员工的潜能，使其效忠于企业，出色地完成每一项工作，让员工体会到在企业里是被重视和尊重的，工作是舒心愉快的，并愿意把工作当做人生中的头等大事来做，这是管理者的高明之处。尊重员工，感动员工，员工会自动对工作负责，自己会主动承担工作，最终满足员工自我实现的欲求，达到团队合作，共谋发展。

心理常识：霍桑效应

霍桑效应的发现来自一次失败的管理研究。1924年11月美国国家研究委员会组织了以哈佛大学心理专家梅奥为首的研究小组，进驻西屋电气公司的霍桑工厂，他们的初衷是试图通过改善工作条件与环境等外在因素，找到提高劳动生产率的途径。他们选定了继电器车间的六名女工作为观察对象。在七个阶段的试验中，主持人不断改变照明、工资、休息时间、午餐、环境等因素，希望能够发现这些因素和生产率的关系——这是传统管理理论所坚持的观点。但是很遗憾，不管外在因素怎么改变，由于试验组的人受到额外的关注而倍加努力，绩效一直在上升，所以，原实验失败。

梅奥认为，管理者的目的在于使人们为实现组织的共同目标而合作。所以，管理者必须一方面满足成员物质的、经济的需要，另一方面，满足成员精神的、心理的需要，从而来确保成员间的自发性合作，使效益更高。

善用下属的缺点

人就像硬币具有两面一样，有正反面之分。当正面朝上的时候，背面就会被压抑，让人无法看清楚；当背面朝上的时候，正面就会被掩盖，让人琢磨不透。只是硬币不管正面朝上还是背面朝上，都不影响它的功能和价值，人很多时候就不一样了。有的管理者在用人的时候只看到一个人的正面而忽视其反面，也有的只看人的反面而不去挖掘其正面价值。这都是片面的，也是无法使下属才尽其用的。其实，人的缺点也是可以加以利用的，在管理中，如果能发现缺点的用处，并善加利用，它将会发挥出一种难以预料的作用。

一个机电车间的空地上，放着成堆的废旧机器、各种金属板、下脚料。有个星期天，车间主任叫来了另一家工厂的员工来搬运这些废旧物资。外来的工人对这堆废旧物品进行了一番分门别类，告诉车间主任说，其中有三分之一的废旧物品，是他们那家工厂可以立即拿去使用的，另外三分之二，经过拆除、重装，还有一半可以以比当做废旧物资回收高出几倍的价钱卖出。同一批物资，在一个地方是碍手碍脚的废物，在另一些人眼里却是宝。

人也一样。所谓"是个人才"，就是把一个适合从事某项工作的人放到了从事这项工作的位置上。你如果把一往科学家放在营业员的位置

第五章 用人管人心理学

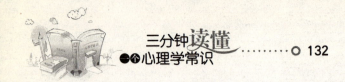
上，他肯定是个傻瓜。所谓"不是个人才"，大多情况下，是一个人才被放到了不适合他的位置上。一个杰出的营销人员，却被调到研发的位置上，就是对人才的浪费，也是对人才的扼杀。

有一个女人很漂亮，经常抱怨老天对她不公平，因为她认为很多比她条件差的女人都找到了优秀的男人结婚了，而自己从二十五到现在已经三十多岁了，却一直没有找到合适的对象。她经常抱怨说："世界上的好男人都让别的女人给选走了，给自己剩下的都是残次品。"

有一次，在她抱怨之后，她的一个很好的朋友对她说："其实你每次接触的对象都很优秀，我不知道你为什么到最后都离开他们，但是，我能理解你。不过你要记住一句话，世界上没有好男人，好男人从来都是女人培养出来的，是女人把他们的缺点当成优点来看，慢慢培养出来的。"

"把缺点看成是优点"这句话，就是放在职场中也是很有道理的，你眼中只有缺点，自然不会想到要去利用，但是，当你把它看成是优点的时候，你就会想到要加以利用，就能感觉到他的好了。

有一句话说得很好——没有无能的士兵，只有无能的将军。在古代的战争中，一场战争的胜利，最终决胜权不在士兵身上，而在将军身上。一个出色的将军能够以弱胜强，可以以一当十；而一个糟糕的将军，却可以将百万大军轻易毁灭。很简单的一句话道出了企业管理的真谛：用人在领导，企业成败，关键在于看领导会不会用人。

有些人的长处中可能潜藏着短处，有些人的短处中也可能包含着长处。只要管理者使用恰当，有些短处是可以变成长处的。职场心理学，注重把缺点看成优点来用人，例如：

情绪化：情绪化的人主观思维强，容易形成主观的幸福感，情绪化的人激进，适合搞项目，做开发。

毛糙：一般说来，做事毛糙的人，思维跳跃性强，创意能力比较强，可以让其搞设计。

虚荣：爱虚荣的人，比较重视外界对自己的评价，愿意为评价努力，所以，可以让其在发展空间较大的位置上工作，比如销售，业绩大，待遇就好，职位也会升得快，升得高，很容易激发他的虚荣心。

叛逆：叛逆的本质是批判思维和独立思维，创新能力比较强，这种人特立独行。

自负：自负、自吹自擂都是在强化自尊，也想获得外界的认可，如果积极引导，能力会很快提高。

李先生跟他的朋友说，他有一个下属最大的缺点就是脾气不好，对人直来直去，有什么说什么。朋友当时就跟他说，这不是缺点，这是优点。他当时很不理解为什么朋友会这么说，朋友就接着跟他说："当你把优点看做是优点的时候，那么，它就是优点。当你把缺点看成是优点的时候，它也是优点，关键就看你怎么来看它。其实，本无所谓缺点，之所以是缺点，是因为你把它放错了位置。当你把它当成优点的时候，你就会把它放在合适的位置了。"

每个下属都会有自己的优点和缺点，但是，作为领导者，不但要学会如何利用下属的优点，同时，还要学会如何利用下属的缺点去做好工作。有时候，换个角度思考，可能整个意境就都不一样了。心理学的智慧特征之一是跳出二元思维，不用简单的好坏、对错来判断人和事。

个性特质是个人最重要的心理资源，在多数情况下，缺点就是优点，优点也是缺点。看到缺点的积极面，并正确引导，缺点也能成就大事业。

心理常识：赫洛克效应

心理学家赫洛克曾做过一个实验，他把被试者分成四个组，在四种不同诱因下完成任务。第一组为表扬组，每次工作后予以表扬和鼓励；第二组为受训组，每次工作后严加训斥；第三组为被忽视组，不予评价只让其静听其

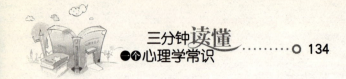

他两组受表扬和挨批评；第四组为控制组，让他们与前三组隔离，不予任何评价。

结果工作成绩是前三组均优于控制组，受表扬组和受训斥组明显优于忽视组，而受表扬组的成绩不断上升。这个实验表明：及时对工作结果进行评价，能强化工作动机，对工作起促进作用。适当表扬的效果明显优于批评，而批评的效果比不予任何评价要好。

让和你作对的人才听你的

职场人士每天都有至少8个小时的时间在办公室里度过，都得周旋于上司、同事和下属之间。要想做好上下疏通、左右打点、内外周旋的管理者，不但要用好那些敬佩你、服从你的下属，而且要用好和你作对的人才。要知道，敢和你作对的人，肯定是有一定的能力的，所以，你要是能够让他们服服帖帖地为你工作，那企业绩效一定会有很大程度的提高，你也会得到更多的认可和支持。

事实上，管好和你作对的人并不是你想象的那么容易，这是一件很有挑战性的工作。一旦在工作中哪方面处理不好、理不顺，或者不能协调工作中与他人的人际关系，都会给你的管理生涯造成不小的障碍。因此，你必须玩转办公室的"政治游戏"。

所谓"办公室政治"就是办公室里，工作能力和人际关系的竞争，体现的是职场中人的工作能力和智慧，以及社交能力，是办公室里没有硝烟的战争。

办公室是个小社会，不像学校和家庭那么单纯，在办公室混饭吃的人很少能感觉到生活的轻松与清闲。职场中固然充满着世俗的体面和晋升的诱惑，但也充满了人际的复杂、攀爬的艰辛和竞争的陷阱。那么作为职场之中的管理层人士，壮志凌云，欲大干一番时，该如何做呢？

张兴受聘于一家物流公司，算是一个不大不小的官。但是，工作不久，他发现自己处境不妙，不但有一群自命不凡的下属经常跟自己唱反调，不听从管理，而且还有一帮刚出校门的大学生时不时地要说说他们的意见，这让他的管理无从下手。他努力想融入团队，管理好团队，可没多久就发现很难与这群人沟通，他们好像是和自己处处作对一样，经常挑三拣四，对自己指指点点。张兴干脆就谁也不搭理了，这更让他孤立了，身为领导，却成了名副其实的光杆司令。终于，难以忍受的隔阂使他向部门经理递上了辞职报告。

经理看着辞职报告，劝他试着与自己手下人多沟通。经理是这么说的，你感受到他们在和你作对的同时，他们同样也在受你与他们作对的折磨。你现在面临的问题不是你一个人的事，而是整个团队的事，回避不是办法。你们之间的问题还是沟通不够造成的。我相信你的能力，一个月后你再决定是否递交辞职报告。

张兴细想经理的话，觉得有道理，即使辞职到新的公司，也难保不会再遇上这种问题。于是，他一遇到那群与自己作对的人，就主动微笑着和他们打招呼，尽自己最大的努力去表达自己的友好，表达自己希望和他们进行深入的沟通的想法。他开始站在别人的角度经常与他们聊天，很快，张兴发现虽然大家生活方式和生活态度不同，但彼此之间还是有很多聊得来的地方的。这样，他们慢慢成了朋友，在工作中，张兴听从他们的可行建议，适当调整自己的工作规划，他们也能够保质保量完成张兴给他们定的工作任务，有时候，甚至能够超额完成任务。而且彼此都相处得很开心。一个月后，张兴把那份辞职报告给撕了。

心理学家认为，凡事要与人为善，而微笑就是人与人之间的、通用的、最有效的无声语言。用微笑可以表达你的友善和真诚，融化人与人之间的矛盾，使人们能够为了同一个事业携手奋斗，成为同一个"战

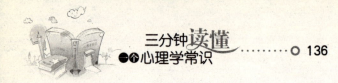

壕"里的"战友"。

职场中总有一些"老前辈",看不惯新上任的年轻领导的做事风格和新制定的规则,所以,经常很"善意"地指出新领导的错误决定,以示应该听自己的意见,按照自己的方法去做事。这让新上任的管理者很难发挥自己的长处去管人用人,有的管理者甚至会认为这些"老前辈"是故意和自己作对。但是,如果换一个角度来看待这些人,就会发现其倚老卖老的行为,多少都对我们有指导、借鉴作用,通过他们的"教诲",可以尽快熟悉工作,融入到团队中去。

当然,对"卖老族"也不可一味迁就或曲意讨好,要不然会让人觉得你始终是个没有主见、不能独当一面的"新手"。不过,反对他们一定要顾忌对方的面子,讲究方式方法,不要在公开场合反对,应该尽量避免正面的冲突。所以,最好采用私下谈心的方式来表达不同看法,他们觉得你很给他们面子,会对你心存好感,你可以借机说服他们,让他们为自己所用。

良好的职场生态环境有益于每个人的生存与发展。以团队协作和相互理解为基础,豁达地对待"异己",尊重并学习内部对手的优点,进一步使他们被自己所用,方可能创造更大的舞台。

心理常识:权威效应

美国心理学家曾经做过一个实验:在给某大学心理学系的学生们讲课时,向学生介绍一位从外校请来的德语教师,并且谎称这位德语教师是从德国来的著名化学家。试验中这位"化学家"煞有介事地拿出了一个装有蒸馏水的瓶子,"化学家"说,这是他新发现的一种化学物质,有些气味,现在他展示的化学药品是一种新药,其味道可以在空中迅速传播,请在座的同学能够闻到气味时就举手,结果,多数学生都举起了手。

对于本来没有气味的蒸馏水,为什么多数学生都认为有气味而举手呢?

这是因为一种普遍存在的社会心理现象——"权威效应"。所谓"权威效应"，就是指说话的人如果地位高，有威信，受人敬重，则所说的话容易引起别人重视，并相信其正确性，即"人微言轻、人贵言重"。

宽容是金，仁者得人心

大肚弥勒佛常以大肚能容的形象示人，其佛殿门前的对联上写着"大肚能容，容天下难容之事；开口常笑，笑世间可笑之人"。这副脍炙人口的对联给很多人都留下了深刻的印象。人们常用来形容宽容与乐观的人为人处世的心境和态度。在职场上，与下属，与周围的同事相处，恰恰就需要这种宽容与乐观。

宽容是一种良好的心理品质。它不仅包含着理解和原谅，更能显示一个人的气度和胸襟。一个不懂宽容，只知苛求的人，其心理往往处于紧张状态，这会导致其神经兴奋、血管收缩、血压升高，心理、生理进入恶性循环状态。学会宽容就会严于律己，宽以待人，这就等于给自己的心理安上了调节阀。

管理者对下属有没有宽容之心，在一定程度上决定了企业有没有凝聚力，也决定了一个领导者能否赢得下属的拥戴。古代有一则叫做"楚王断带"的故事讲的就是宽容下属，赢得人心的故事。

春秋时期，楚王宴请大臣，席间歌舞曼妙，烛光摇曳。因为高兴，楚王还命令他最宠爱的美人许姬向各位敬酒。

忽然一阵狂风刮来，吹灭了所有的蜡烛，漆黑一片，席上一位官员乘机摸了许姬的玉手。许姬一甩手，扯了他的帽带，匆匆回到座位上，并告诉了楚王。楚王听了，连忙命令手下先不要点燃蜡烛，建议大家把

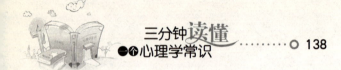
帽子摘了，一起大醉一场，喝个痛快。众人都没有戴帽子，也就看不出是谁的帽带断了。

后来，楚王攻打郑国，有一健将独自率领几百人，为三军开路，斩将过关，直通郑国的首都，而此人就是当年趁机占许姬便宜的那一位。

"人非圣贤，孰能无过。"很多时候，我们都需要宽容，宽容不仅是给别人机会，更是为自己创造机会。

在工作中，下属犯了较小的过失，作为领导你应该给予指导，讲清错在哪儿，下次应该如何做。不要只是批评，吝于赞美。批评别人容易，赞美别人难。一旦看到自己的属下做错了事，很多人常常是不假思索地责怪对方的不是。也许是好意，但是在批评之余，也不要忘了给予建议。只有批评没有鼓励是不负责任的行为，这不仅无法使员工从中学到东西，而且会使之因此不敢主动去尝试。实际上，大多数人都有自我评价的能力，也许你的宽容与理解，会赢得下属更多的付出与努力。

为了避免你的下属出错，你可以提前告诉他你的想法，不要等到工作完成后才提出自己的想法。当然，这并不是要你时时刻刻盯着自己的下属，而是要在适当的时机或是当下属寻求你的意见时，确实提出自己的想法以及建议。如果等到一切都完成后再提出批评和建议，对于下属来说，只会感觉很受挫。

即便提醒在先，犯错误的几率降低了，但是有的下属还是难免出错。在下属第一次做错事的时候，当领导的有责任提醒他，让他认识到错误的严重性，并且给予一定的指导。第二次也可以再提醒他一次。可是到了第三次，他如果又犯了同样的错误，并且还是认识不到所犯的错误有多严重，那这样的员工就不要继续留在工作岗位上了，领导的宽容也应是有限度的。

当然，一个人总是犯错误，做领导的首先要分清他是犯同样的错误，还是犯不同的错误，要区别对待。如果是以同样的方式犯错，那肯定要处理，这说明他没有进取意识，认识不到自己错误的连锁后果。如果是以另外的方式犯错，这说明他已经想改正了，但还没有找到改正的方法，不知道怎么做才会更好，那你就需要原谅他的错误，适当地给予指点一下。

当然，如果员工表现良好，身为领导的你千万不要吝于赞美他。这样做是为了给员工以激励，有利于他们不断取得新的成就。

美国心理专家威廉通过多年的研究，用事实证明，对金钱利益和小事太能算计的人，实际上都是很不幸的，甚至是多病和短命的。他们绝大多数的人都患有心理疾病。这些人感觉痛苦的时间和深度也比不善于算计的人多许多倍。换句话说，他们虽然会算计，但却没有好日子过。多个朋友多条路，对下属宽容，让下属成为你的朋友，他才会努力为企业工作。

记住：善于肯定别人要比喜欢挑刺更能赢得下属的好感。尤其是在背后相互议论的时候，善于发现别人的优点，而不是一味指责，更能体现你的宽容、大度。只有通晓了这一点，才能有效地抓住契机，向下属展现你的人格魅力，以获得下属对你的赏识和认同。

心理常识：酸葡萄效应与甜柠檬效应

《伊索寓言》中的"酸葡萄"故事广为人知：狐狸想吃葡萄，但由于葡萄长得太高无法吃到，便说葡萄是酸的，没有什么好吃。心理学上以此为例，把个体在追求某一目标失败时为了冲淡自己内心的不安而将目标贬低说"不值得"以此聊以自慰，这一现象称为"酸葡萄"机制或"酸葡萄"效应。

与其相反，有的人得不到葡萄，而自己只有柠檬，就说柠檬是甜的。这种不说自己达不到的目标或得不到的东西不好，却百般强调凡是自己认定的较低的目标或自己有的东西都是好的，借此减轻内心的失落和痛苦的心理现象，被称为"甜柠檬"效应。

分配任务，不要把责任分散

当一个人在人群中遭遇危险或者需要其他人援助时，大声喊救命，很有可能谁也不会站出来帮他，因为大家都不觉得是在冲自己喊，都会想"会有人帮他的"，但是，最后却谁也没有提供帮助。如果听说过有众多旁观者却没有得到救助的案例，这个人就会学得聪明点儿，得喊"前面高个子的叔叔，快救救我"，而且眼睛要看着想求助的人。有相当大的概率他会提供帮助。因为指向性请求让这位叔叔的责任变得非常清晰。

心理学上有一个著名的责任分散效应，是一种普遍的社会现象，指在超过某一临界规模的人群中，没有明确的责任分配时，就没有人站出来承担责任的现象。工作时管理者分配任务，就好像把责任也分散了，大家都承担责任，在员工个人看来，负责任的就是别人，自己只负一点点责任，人人都这样想，其实，大家也就都没什么责任感了。

小刘和小张新到一家速递公司，被分为工作搭档，他们工作一直配合不错，没出过差错。老板对他们也很满意，因为两人能力相当，老板也没有明确指定谁是负责人。一次，小刘和小张负责把一件非常重要的邮件送到码头。这个邮件很特别，是一件价值不菲的易碎物品，老板反复叮嘱他们路上一定要小心再小心。但是，到了码头后小刘把邮件递给小张的时候，邮包掉在了地上，里面的东西碎了。小刘怪小张没有接住，小张则说要怪小刘没有拿好。老板把工作分配下去，却没有指定谁为事情负主要责任，那出了这样的事情，谁来负责任呢？

人们往往对承认错误和担负责任怀有恐惧感。因为承认错误、担负责任往往会与接受惩罚相联系。有些不负责任的员工在出现问题时，首先把问题归罪于外界或者他人，总是寻找各式各样的理由和借口来为自己开脱。所以，老板在分配任务时，应该明确指定负责人，而对于特殊情况就要具体情况具体分析，具体对待。

社会心理学把一个人在群体中工作，不如单独一个人工作时更努力的倾向，称为社会惰化效应。在团队工作中，往往能发现小组成员你推我让，抱怨所分配的任务太多或不喜欢，习惯把困难推给其他成员，最终不能完成任务。

造成惰化的原因之一是不公平感。人们常常习惯把自己付出的努力和所得的奖励，与别人或自己过去付出的努力和所得的奖励进行比较。如果比较的结果证明是公平的、合理的，那么，就会心情舒畅地继续努力工作；如果比较的结果得出相反的结果，就会产生不公平感，影响其积极性的发挥。

还有一个原因就是责任分散。所谓责任分散是指在与他人共同工作时，个人有责任感下降、将工作推给别人去做的倾向。产生责任分散的原因在于，指向群体的责任压力分散开来，落到每一个人身上的责任就很少了。因此，个人没有什么责任压力，而且互相依赖，产生推诿。从一个和尚挑水喝，两个和尚抬水喝，三个和尚没水喝的故事中就能看到责任分散的弊端。人越多，责任分散得越严重，个人的责任感越低，工作效率就越差。为了增强个人责任感，作为管理者，分配任务时，要有理智、宽容、开放的态度，明确各自应承担的责任与义务，防止下属员工产生"法不责众"的侥幸心理。做到赏罚明确，才能使工作进行得井然有序，这样能够避免许多无谓的纷争，使员工保持较高的工作效率及质量。

在许多达到一定规模的企业中往往存在这样一些类似情况：企业的管理者老是在抱怨员工工作责任心不强，办事一点儿也不积极；而员

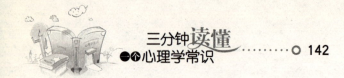

工们则抱怨说企业里的分工太不明确，职责界限也不清楚，导致大家只能被动地听指示，上级说一件事情自己就去做一件事情，上级没有交代事情的时候，好一点的员工会自己随便找点儿事情做做，而差一些的员工则在喝茶、聊天、看报纸中消磨时光。员工们的理由也很充分，有时候自己干多了不仅不落好，而且反倒有可能让自己的上司和本部门或其他部门的同事不高兴，谁知道你干的事情是否是别人职责范围内的事情呢？如果你做了本来该别人做的事情，人家不仅不会感激你，很可能还会感觉自己受到了侵犯，何苦来呢？

为了使企业中避免出现或者减少这些问题，管理者就必须根据自己的业务流程以及企业其他方面的一些特殊情况，合理设计组织的结构，明确界定不同部门或经营单位的主要职责，然后在此基础上设计、分析每一个职位上的人的主要职责以及相应的工作任务，尽量避免责任分散效应的出现。

心理常识：责任分散效应

1964年3月13日夜3时20分，在美国纽约郊外某公寓前，一位叫朱诺比白的年轻女子在结束酒吧间工作回家的路上遇刺。她绝望地喊叫："有人要杀人啦！救命！救命！"听到喊叫声，附近住户亮起了灯，打开了窗户，凶手吓跑了。当一切恢复平静后，凶手又返回作案。当她又叫喊时，附近的住户又打开了电灯，凶手又逃跑了。当她认为已经无事，回到自己家上楼时，凶手又一次出现在她面前，将她杀死在楼梯上。期间，尽管她大声呼救，她的邻居中至少有38位到窗前观看，但无一人来救她，甚至无一人打电话报警。这件事引起纽约社会的轰动，也引起了社会心理学工作者的重视和思考。人们把这种众多的旁观者见死不救的现象称为责任分散效应。

职场里，有时候因为很多人都在从事一项工作，而这项工作做砸后，就都会推脱责任，说失败与自己无关，都是因为别人，大家推来推去好像谁也没有责任，其实，这也是一种责任分散效应。

成功心理学

——"心"优秀，造就新强者

　　成功在每个人心中的定义是不一样的，但是，成功总是一件令人欣喜和羡慕的事情。人的一辈子都在奋斗，都在追求成功。在成功心理学中，任何普通人只要立志努力追求成功，有正确的目标和方法，并持之以恒地坚持下去，就能够不断地进步和超越自我，从而成为成功的强者。

心中有梦想，成功就在前方

每个人都想成功，但是，首先你要知道自己想要什么，有什么梦想，这点很重要。只有确定了合理的、能给自己无限动力的目标，才能无畏向前。这个梦想是一个人勇敢面对生活的能源，是推动我们每天不断向前的力量。我们必须要找到属于自己的梦想，不是这些梦想有多伟大，也不是这些梦想一定可以完成，重要的是我们要有自己的梦想。

我们可以说出自己的梦想，大声地说出来，把它当做一种宣誓。无论想成为什么人，做什么事或拥有什么，事实上都意味着我们正面临抉择。只要愿意，我们就可以选择；只要努力，我们就会有收获。

梦想就像一粒种子，种在心的土壤里，尽管它很小，却可以生根开花。假如没有梦想，就像生活在荒凉的戈壁，冷冷清清，没有活力。一个人，只要心中有梦想，就不会恐惧未来，就能在人生的道路上一直前进，不轻言放弃。如果你心怀梦想，你一定有勇气去叩开那个属于自己的成功之门。梦想是人人所向往的，有梦想的人生精彩纷呈，而没有梦想的人生将是空虚的、毫无生机的。

我们要做一个激情四射的"追梦人"，并通过不断奋斗把梦想一步一步变为现实。在许多人看来，梦想可能是荒诞的想法和不可能实现的目标。所以，拥有梦想未必等于成功，成功者却一定拥有梦想。因此，可以说，梦想是实现成功不可或缺的动力。梦想造就成功人生，只要努

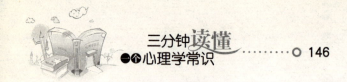

力，梦想是可以成真的。相反，连梦也没有的人生是苍白的，如果安于现状，害怕困难，不思进取，是很难有成功的一天的。

梦想是成功的秘诀。梦想不是一天可以实现的，它不仅需要不懈的努力，更需要制订合理的计划，一步一步靠近目标。一个人对成功的热切渴望，对未来的梦想，只不过是一个起点而已，接下来还有更长的路要走。如果只有梦想却不去实行，或是半途而止，梦想都是不可能实现的。

每个人都有梦想，而只有那些为实现梦想不断追求、永不言弃的人，才可能站上成功的舞台。有梦想就努力去追寻，坚持不懈，胜利就在眼前不远的地方。有首歌是这样唱的："心中常常在激荡，一个蓝色的理想，就像闪耀的波光，荡漾无限的希望。没有什么能阻挡，风浪再大又怎样，只需要一双手掌，就有征服的力量……坚定的目光，执着的坚强……"是的，梦想长在心中，在心中闪耀着粼粼的波光，鼓舞着我们勇敢前行，那份力量是没有什么可以阻挡的。只要梦还在前方，那沿路的困难与挫折都不算什么。

任何一个想成功的人都需要认清这一点：要想成功并不容易，获得成功的历程就像放风筝，需要不断地和强风对抗，才能飞到高空之中，要有对成功强烈的渴望，才能坚定向前，不被沿途所遇到的困难吓倒。在现实中，成功的人都经历过重重的困难，在梦想起飞之前，他们都经历了一番呕心沥血的搏斗。所以，请切记，风筝是因为逆风才能飞得更高，那才叫成功。

如果我们追求理想，那么，必须拒绝温室的诱惑，我们不可能舒舒服服地维持现状，同时又能进步、成长。为了追求更远大的目标，我们必须要放下手中的香脆花生。这不是冒险，而是要求自己改变一些习惯，使自己更有弹性，愿意在尝试新的方法之前，先放弃一些现有的利益。

为了梦想的实现，我们必须下定决心努力奋斗。可以将以前的辉煌放在一边，从零开始，只剩下我们眼前的目标，一直向前。没有人比一个决心达成目标的人更有力量，当我们下定决心时，它会告诉我们前进的方向，指引我们一条路，并提供一份新的旅程表。

心中有了梦想，在追梦的路上，不管怎样，不管遇到什么样的挫折和困难都不要放弃，要对未来充满希望，勇敢地生活。有了这份坚强和执着，相信自己就一定能够叩开成功的大门。虽然其中含有许多痛苦，会有曲曲折折，但真正意义的人生，正是在克服困难的奋斗中实现的。

心理常识：篮球架效应

篮球架的高度是经过精心设计的。如果篮球架的高度过高，那么，谁也别想把球投进篮圈，也就不会有人玩了；如果篮球架的高度过低，随便谁投篮都可以"百发百中"，那么，大家也会觉得没什么意思。正是由于现在这个"跳一跳，够得着"的高度，才使得篮球这个项目具有非凡的吸引力。心理学把生活中人们以高度的热情去追求"跳一跳，够得着"的目标现象，称为"篮球架效应"。

从心理上建立自信

美国布鲁金斯学会在其网站上有这样一句格言："不是因为有些事难以做到，我们才失去自信；而是因为我们失去了自信，有些事情才难以做到。"

你如何认识和看待自己对生活各个方面产生的影响？从工作、社交、恋爱、婚姻、为人父母到我们一生中的建功立业，我们对事物的反

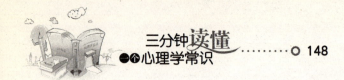

应取决于我们认为自己是什么样的人；我们在生活中的喜怒哀乐，体现了我们在心底里对自己的看法。因此，自信是人生成败、幸福与否的关键，也是心理健康的关键。

在现代社会，一个没有强烈自信的人，很难赢得机会与成功。各行各业的成功者，他们的个性各式各样，其创业之路互不重合，管理方式也各不相同。可以说，成功的道路和模式不可复制。但是，在这些成功者身上却总闪烁着自信的光芒，他们行动坚定、坚韧、坚决，还用自己的信心感染合作者和追随者，服务于共同目标，因而他们具备了领袖的个性和魅力。所以，美国思想家爱默生说："自信是成功的第一秘诀。"的确如此，如果有坚强的自信，往往能使平凡的人做出惊人的事业来；胆怯和意志不坚定的人即使有出众的才干，优良的天赋，高尚的品格，也终究难成伟大的事业。与金钱，势力，出身，亲友相比，自信是更有力量的东西，是人们从事任何事业最可靠的资本。

印度诗人泰戈尔说："自信是煤，成功就是熊熊燃烧的烈火。"美国著名成功学大师罗杰·马尔腾则说："你成就的大小，往往不会超出你信心的大小。"

失去自信会使一部分人没有动力，那是因为他没有客观地分析做事成功的因素，没决心和恒心，从而产生消极想法。缺乏自信时更应该做些充满自信的举动。缺乏自信时，与其对自己说没有自信，不如告诉自己是很有自信的。为了克服消极、否定的心理，我们应该试着采取积极、肯定的态度去做事。辩证法讲求事物既是对立又是统一的，万事万物都有"度"，对与错只隔了一线之差。自信是我们对自身能力一种客观性的肯定和认可，如果对自身能力的肯定和认可超过了客观性的一个"度"就变成自负了。自负也是一种心理障碍。建立适度自信是解除心理障碍的关键所在。

自信不是空穴来风，它需要证明，需要积累。什么是自信？所谓自信，就是从骨子里树立"我能行、我能做到、我能做好、我能做到优秀、我能做到极致"这样坚定的信念。

发现自己的长处，是自信的基础。因此，我们在评价自己的时候，可以采用场景变换的方法，寻找"立体的我"，这样我们可能会意外地发现，自己原来有很多优点与长处。

自信心是一个人成功必不可少的重要条件和心理品质。世界上什么事情都可能发生，什么奇迹都可能创造，许多传统的"不可能"都已经变成了现实。因此，请尽量不要说"不可能"这三个字。如果旁人说"不可能"，我们就想办法把它变成"可能"，一个脑袋一双手，只要我们努力，就可能赢得成功。一个人能否发迹，虽然与各方面因素有关，但最重要的是一个"我可以做得到"的决心与恒心。

我们要提高自信心，就是相信自己有成功的能力，能够创造幸福的生活。这种可贵的品质可以帮助我们达到目标，解除心理困惑与心理障碍，扩大我们对幸福的感受力。

相信自己行，才能大胆尝试，接受挑战。为此，我们要在回忆过去成功的经历中体验信心。同时，更要多做，力争把事情做成，从中受到更多的鼓舞。在尝试中，会有些失败和错误。如果我们相信爱迪生所说的"没有失败，只有离成功更近一点儿"，那么，对于前进过程中的问题、困难乃至失败，就能看得淡一点儿，从容应对，把注意力集中到完成任务上，不断增强实力。而实力，就是撑起信心的最重要支柱。

"相信一定能够做到"这种心理，是开阔，创造，革新的起步。看起来不可做到的事情，你如果"相信能够做到"，就会开动脑筋找出各个问题的解决方案。一旦心中真正树立了这样的信念，它就是一面不倒的旗帜，永远飘扬在我们的心中，指引着我们向着成功、向着胜利前进，从一个成功走向另一个成功、从一个辉煌走向另一个辉煌。

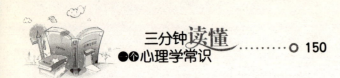

心理常识：习惯性无助效应

1975年，美国宾夕法尼亚大学著名心理学教授塞里格曼做了个实验：他把狗分成两组，一组为实验组，一组为对照组。

一组中的狗被放在一个里面有电击装置的笼子，这些狗在一开始被电击时，拼命挣扎，想逃脱这个笼子，但经过再三的努力，发觉仍然无法逃脱后，挣扎的程度就逐渐降低了。另一组的笼子由两部分组成，中间用隔板隔开，隔板的高度是狗可以轻易跳过去的。隔板的一端有电击，另一端没有电击。当把经过前面实验的狗放进这个笼子时，发现它们除了在头半分钟惊恐一阵子之外，此后一直卧倒在地上接受电击，那么容易逃脱的环境，它们连试都不去试一下。而把未被电击的狗放进去时，它们能全部逃脱电击之苦，从有电击的一边跳到安全的另一边。

这个实验中的现象被心理学界称之为习惯性无助效应。人如果产生了习得性无助，就成为了一种深深的绝望和悲哀。因此，我们在学习和生活中应把自己的眼光放得再开阔一点，看到事件背后的真正的决定因素，不要使我们自己陷入绝望。

兴趣铸就心理财富

兴趣是一个人力求认识世界、渴望获得文化科学知识和不断探求真理而带有的情绪色彩和意向活动。学习兴趣是学习动机中最现实、最活跃的成分，它使人优先注意某些事物，并带有积极的情绪色彩。浓厚的兴趣，强烈的求知欲望，是一个人获得成功的关键因素之一。

兴趣的确是一股强大的精神力量，它可以使人集中精力去获取知识，创造性地开展工作。一位名人说过"兴趣比天才重要"，谁找到了自己的兴趣所在，谁在心理上就获得了一笔无法估量的财富。发现和准确判断自己的兴趣所在，可以帮助你选择适合自己的职业。找到了自己最感兴趣的工作，我们就等于踏上了通向成功的道路。

比尔·盖茨是公认的财富的代表人物。这个戴着眼镜、一副小技术员形象的人，从20岁左右弃学创办公司开始，给人的印象就是在"玩电脑"。时至今日，当他成为世界首富后，他依然在"玩电脑"。盖茨追求财富的方式是带有戏剧性的，他最初与最持久的经营动力，并不是对金钱的渴望，而是对开发新软件的痴迷。他每天思考的并不是如何让他的钱生出更多的钱，而是自己非常感兴趣的关于如何解决一些计算机难题的问题。解决这些问题带来的刺激与挑战，远比单纯的赢利更能使他感到兴奋，因为这是他的兴趣所在。

生活不仅因为有严肃的人生而变得庄重，也因为有丰富多彩的活动而变得斑斓多姿。生活中，当然应该有事业。同样，生活中应该有业余爱好。如果说，前者是生活的主色，那么后者无疑是不可缺少的辅色。如果我们能把自己的兴趣融入到自己的工作中，那将是令人非常开心的。假如我们的生活只是吃、喝、睡，那肯定是极其乏味的。假如人生是一根时刻绷紧的弦，那内心的压抑无法释放，心理极度不平衡会使我们身心受损。

兴趣爱好，可以陶冶性情，提高文化素养，有助于精神和心理的健康。兴趣爱好只要是健康有益的，会使人在潜移默化中接受文化、技能的熏陶，培养良好的个性。如果你爱好编织，一幅动人的图案在一针一线的网络中穿梭，极具耐心和匠心，性格急躁的人就能在这当中变得耐心，手就会灵巧起来，脑子就会聪颖起来。

一个人，在自己的生活里，有没有兴趣爱好，表现是大不相同的。怀有浓烈的兴趣爱好，可以感受到生命的可贵可爱，心理上是畅快的，精神也会很放松。反之，是难觅生活乐趣的，总会感觉自己生活在水深

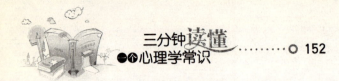
火热之中，毫无乐趣可言，心理失衡，身体上也会出现疾病。

兴趣，是一个人充满活力表现的动力，也是一段时间专注于某一项或几项活动项目的心理动力。爱好，是兴趣持久发展的动力，是成事立业的基础。

一个人很难在自己讨厌的行业里有所成就，并赚取大量财富。我们可以借鉴别人的成功，但如果自身没有兴趣专注去做事，也很难获取持久的利润。牛顿说自己就像是一个在海边散步的好奇的孩子，偶尔捡到了一些漂亮的石头。牛顿的成就来源于他对科学的热爱。他并没有抱着发现伟大定律的愿望走入科学殿堂，他只是"好奇"，只是对他研究的东西充满了兴趣，这种兴趣使他的研究不再是一件苦闷的事情，而是一种乐趣。正是这种乐趣，让他比别人更加投入，更加努力，最终，他获得了比别人更大的成功。

只要细心观察，我们会发现，世界上有许多做出杰出贡献的伟人，不少是从兴趣开始的。浓厚的兴趣，可以使达尔文把甲虫放进嘴里；可以使阿尔弗雷格·魏格纳一生中四次去格陵兰探险。爱因斯坦在四五岁时，就对指南针发生兴趣，他长时间摆弄它，心想，那小针为什么总是指着同一方向。他还能一次又一次不厌其烦地搭积木，直到把又高又尖的"钟楼"搭好为止。正是这种浓烈的兴趣，和伴之而来的思索、追求，使他成为近代伟大的物理学家。

发现自己的兴趣，释放自己的兴趣，找准自己喜欢做的事情，坚持下去，是成功者最常见也是最有效的做法。当我们被兴趣牵引着走向某一领域，在享受快乐人生时，我们就会惊喜地发现，财富也随之悄悄降临。大兴趣会收获大财富，小兴趣会收获小财富，对什么都没有兴趣的人，很难得到财富。因为，从本质上讲，财富是兴趣的副产品。

　　心理学家德西在1971年做了一个专门的实验。他让大学生做被试者，在实验室里解有趣的智力难题。实验的第一阶段，所有的被试者都无奖励；第二阶段，将被试者分为两组，实验组的被试者完成一个难题可得到1美元的报酬，而控制组的被试者无报酬；第三阶段，为休息时间，被试者可以在原地自由活动，并把他们是否继续去解题作为喜爱这项活动的程度指标。

　　根据观察，实验组(奖励组)被试者在第二阶段确实十分努力，而在第三阶段继续解题的人数很少，表明兴趣与努力的程度在减弱，而控制组(无奖励组)被试者有更多人花更多的休息时间在继续解题，表明兴趣与努力的程度在增强。

　　德西在实验中发现：在某些情况下，人们在外在报酬和内在报酬兼得的时候，不但不会增强工作动机，反而会减低工作动机。此时，动机强度会变成两者之差。人们把这种规律称为德西效应。

挫折让人心理更坚强

　　每个人都怀抱着许许多多的幻想、希望，为将其变成现实，很多人都会做出种种努力。当这种需求持续性地不能得到满足或部分满足，就产生了挫折。挫折也可称为需要得不到满足时的紧张情绪状态。

　　从心理学上分析，人的行为总是从一定的动机出发，经过努力达到一定的目标。而我们所说的挫折，是指人们为实现预定目标采取的行动受到阻碍而不能克服所产生的一种紧张心理和情绪反应，它是一种消极的心理状态。在人生漫长的旅途中，由于各种主客观原因，难免遇到

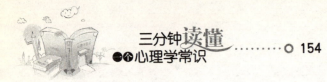

一些困难和失败，甚至饱经风雨和坎坷。人因挫折会产生各种各样的行为，表现出在心理上、生理上的不同反应。

社会中的人对挫折的反应是各式各样的，有的轻微，有的强烈，有的短暂，有的长远，有的容易克服，有的难以克服。人们对挫折的应对心理也不一样，心胸开阔、意志坚定、充满必胜信念的人能够向挫折挑战，百折不挠，直至胜利。小肚鸡肠、性格内向、胆小怕事的人，容易在挫折面前萎靡不振、意志消沉。

没有挫折和失败的成功是缺憾美。当你遇到挫折，一定要把握住自己，不要消沉，振作起来，撑起一片属于自己的蓝天，挫折就能带来你所意识到的你还未达到的实力。

人的一生中要遇到许多困难，不能一遇到困难就退缩，我们必须想尽办法去克服，才能获得最后的胜利。要多多学习他人的工作经验，将长处学来；观察别人的不足。在这方面下工夫，我们就能胜过他们。因此，遇到挫折要打起精神，再次努力奋斗。相信自己的能力一定能战胜困难，因为人定胜天！多给自己一些鼓励，一定要坚持下去，才能看到胜利的曙光。

总认为自己不能正确对待挫折和失败，这说明你有自卑心理。其实，你只要正确认识自己，能全面地看待他人和自己，就会感觉自己没那么差，而是自己可能感觉状态不是最佳或太在乎他人的看法或想法。而他人的看法或想法往往存在片面性，引起你不必要的自卑感。是让挫折吓退你前进的步伐而做不成想做之事，还是让挫折成为鞭策你勇往直前的动力？选择权在自己的手里。

个人需要不能满足，受到挫折，不分析原因、总结教训，而是盲目地采取某种无效举动，这是一种幼稚的固执。

心理学知识和生活经验告诉我们，要正确认识挫折。每个人都应懂得，在人生道路上和现实生活中，由于高考落榜、招工无名、事业不成、身染痼疾、工作事故、信仰破灭、家庭变故、生离死别、自然灾害以及政治、经济、种族、宗教、伦理、道德、风俗、民情、传统等等各种客观环境的影响，再加之个人诸多主观条件的限制，随时都会遇到大小、轻重不同的挫折。它是社会生活中的正常现象，几乎每个人都无法逃避。能认识到这一点，一旦遇到挫折，思想就会有所准备，不致惊慌失措。同时还应该认识到，一个人一生中经受一些适当的挫折，并不是坏事，因为挫折可以磨砺人的意志，可以提高扭转逆境、克服困难、适应社会生活的能力。

我们要善于正确认识前进的目标，一旦确立下来，就全身心地投入到其中。如果在实施过程中，发现目标不切实际，前进受阻，则须及时调整目标，以便继续前进。要注意发现自己的优势，并把优势发挥出来。

英国诗人雪莱曾说："如果你十分珍爱自己的羽毛，不使它受一点损伤，那么，你将失去两只翅膀，永远不再能够凌空飞翔。"挫折是人生的必修课，是人生必经之路，经历过挫折的人，在心理上会更加的坚强，意志坚强的人容易取得成功，所以说挫折是人生的一笔财富。有了挫折的磨炼，人就拥有坚强有力的翅膀，从而能够拥有灿烂辉煌的未来。

其实，挫折对于一个生活的强者来说，就像一剂催人奋进的兴奋剂，可以提高他的认识水平、增强他的承受力、激发他的活力；但对一个弱者来说，则是削减他的成就感、降低他的创造性思维活动水平、减弱自我控制力，或是发生行为偏差。其实，每个人都可以通过自觉、有意识的锻炼，去培养提高自己对挫折的耐受力，让自己变得不再那么脆弱。我们要悦纳自己和他人他事，要能容忍挫折，学会自我宽慰，心怀坦荡、情绪乐观、发愤图强，满怀信心去争取成功。

第六章　成功心理学

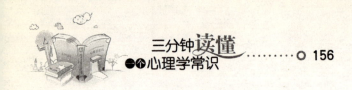

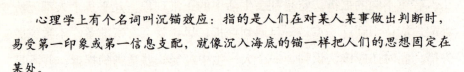
心理常识：沉锚效应

心理学上有个名词叫沉锚效应：指的是人们在对某人某事做出判断时，易受第一印象或第一信息支配，就像沉入海底的锚一样把人们的思想固定在某处。

有人为此举的例证是：两家卖粥的小店，每天顾客的数量和粥店的服务质量都差不多，但结算的时候，总是一家粥店的销售额高于另一家。探其究竟，原来效益好的那家粥店的服务员为客人盛好粥后，总问："加一个鸡蛋还是两个？"而另一家粥店的服务员总问："加不加鸡蛋？"接收到第一个问题的客人考虑的是加几个鸡蛋的问题，而接收到第二个问题的客人考虑的是加不加鸡蛋的问题。考虑的问题不同，答案自然也不同。

心态比智慧更富力量

在这个世界上，总有一些人比其他人更成功，他们能赚更多的钱，拥有不错的工作，人际关系良好，身体健康……而另有一些人，整日忙忙碌碌却无所作为，甚至只能勉强维持生计。这种状况不禁使人感叹：同样是人，差别咋就这么大呢？

其实，人与人之间并没有太大的差别。有的人之所以能获得成功，并克服万难去建功立业，有些人却不行，关键还是心态不同。不少心理学家发现，人与人最大的不同就是心态。一位哲人说："你的心态就是你真正的主人。"

曾经有两个山村里的年轻人外出谋求生计。一天两个年轻人来到一个无比繁华的城市。他们看到不少人用钱买水喝，他们感到十分奇怪，不约而同地说：“水还得用钱买吗？”

　　其中一个人马上想：“这鬼地方，连喝口水都要花钱！生活费用一定高得吓人，恐怕我是待不下去的。”于是，他便离开了，继续去流浪，寻找他心目中认为是天堂的地方。

　　而另外一个却不是这样想，他认为，这个城市可真算是个宝地，居然连水也能赚钱，我一定可以在这里赚大钱，可以在这里出人头地，然后衣锦还乡。想到这里，他真的是兴奋无比，于是，他便开始了他的创业生涯。生活态度总是积极的，心理状态总是乐观向上的，就可以把握眼前的机会，取得成功。

　　这个留在城市的年轻人经过自己的努力，最终赢得了属于他的财富。

　　有什么样的心态就有什么样的人生，一个积极的心态比智慧更富力量，因为它本身就能迸发出许多好点子，充满了智慧。生活在当下的每一个人都需要掌握积极心态之中充满的智慧。

　　当你朝好的方面想时，好运便会来到。积极心态是当你面对任何挑战时应该具备的“我能……而且我会……”的心态。积极心态可以扩展你的希望，并克服所有消极心态，给你实现自身欲望的精神力量、热情和信心。积极心态是迈向成功不可或缺的要素，积极心态是成功理论中最重要的一项原则，你可将这一原则运用到你所做的任何工作上。

　　如果你不满意自己的环境，想力求改变，则首先应该改变自己的心态；假如一个人有积极的心态，那么他四周所有的问题都将迎刃而解。积极的心态是心智的健康和营养，它能让一个人充满自信、受人喜欢、知足常乐、备感幸福，更重要的是它还能让人改变自我、改变世界。这并不是夸大其词，也不是异想天开，因为在人的本性中，始终有这样一种倾向：我们把自己想象成什么样子，最后往往就会变成那个样子。

　　当然，积极的心态并不否认消极因素的存在，相反，它教会人们在看待事物时，能充分考虑到生活中既有好的一面，也有坏的一面，这是不以意志为转移的客观事实。

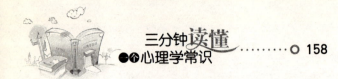

人的心理具有某种神秘的力量，要敢于探索你的心理力量。你的心理有两部分：有意识心理和下意识心理，二者相伴相随。积极的自我暗示会自动从下意识心理把信息发送到有意识心理，并发送到身体的若干部分。你能用健康的、积极的暗示来帮助你自己，学会使用适当的暗示去激励自己，学会应用正确的、有意识的自动暗示。当然也能阻止有害的、消极的暗示以及消极的情绪反应。做到了这一点，你就能在生理、心理和道德上获得健康、幸福和成功。

在爱迪生还没有发明电灯之前，有一位记者对他说："看来我们要用电灯照亮黑暗真是太难了，你已经失败了五千多次。"爱迪生微笑着说："我不是失败了五千多次，而是找到了五千多种不适合做灯丝的材料，我终会找到那一种可以做灯丝的材料的。"结果在试验了一万次以后，爱迪生终于发明了电灯。没有失败，只有暂时停止成功。这就是积极心态的力量。这个世界几乎所有成功者的事迹都可以证明积极心态是成功不可或缺的基本要素。

人的相貌、家境等等先天条件是无法改变的，但至少内心状态、精神意志完全是自己控制的。世上没有绝对不好的事情，只有心态绝对不好的人。无论做什么事情，一个人的心态非常重要。爱默生说："一个朝着自己目标永远前进的人，整个世界都给他让路。"反之，失败不是因为我们不具备实力，而是我们易被环境左右，惯于附和，缺乏主见，心态不稳定，容易沮丧的缘故。调整好心态，勇敢地去面对生活中的不如意，不要气馁，勇敢的走下去，相信心态的力量，它最终决定你所处的高度。

心理常识：瓦伦达效应

心理学上有一个著名的"瓦伦达效应"。瓦伦达是美国一个著名的高空走钢索的表演者，他在一次重大的表演中，不幸失足身亡。他的妻子事后说，我知道这一次一定要出事，因为他上场前总是不停地说，这一次太重要了，不能失败；而以前每次成功的表演，他总想着走钢丝这件事本身，而不去管这件事可能带来的一切。后来，人们就把专注于事情本身、不患得患失的心态，叫做"瓦伦达心态。"

有时候人们做任何事情，总是想得太多，太在乎事情所带来的后果，太在乎别人的闲言碎语、说三道四，太在乎现在和未来的一切，就极有可能让我们忽略了事情本身。法拉第说过一句话："拼命去换取成功，但不希望一定会成功，结果往往会成功。"这就是成功的奥秘。

做好迎接机遇的心理准备

世界上有一种东西，需要我们敏锐地感受、迅速地把握、积极地探索，那就是机遇。把握机遇就是在把握成功。人人都想成功，有很多人不乏聪明才智，但最终未能有所作为，原因就在于没有把握和利用好机遇。

机遇的来临，总是在不知不觉中，决不会像某些人想象的那样：机遇将于某年某月某日某时某刻来临。可以预知的就不是机遇了。机会不常在，所以我们在积蓄力量勇于拼搏的同时，要善于抓住机遇。我们每时每刻都要做好迎接挑战的心理准备，并把它变成成功的跳板，否则，我们就会错失良机。

戴斯特说："人生成功的秘诀是当好的机会来临时，就立刻抓住它。"机遇对任何人都是平等、公正的，就看谁抓得准、用得好。机遇是人生最紧俏的"商品"，它需要我们用积极的行动去抢购。机遇往往

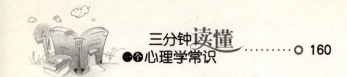

不是等来的，而是寻找来的，甚至是创造出来的。真正的成功者就在于他们敢于寻找和挑战机遇。给自己一些迎接挑战的机会，我们的发展就会变快。

失败者的借口通常是："我没有机会！"他们将失败的理由归结为没有机遇的垂青。"没有机会"，只是失败者的借口。而那些意志力坚强的人则绝不会找这样的借口，他们不会被动地等待机遇，而是靠自己的不懈努力去创造机遇。他们深知唯有自己才能拯救自己。

机遇指的是良好的、有利的机会。俗话所说的千载难逢、天赐良机，就是指的机遇。机遇的产生和利用都需要有一定的条件。机遇只降临有准备的头脑。这里的准备主要有以下内容：一是知识的积累。没有广博而精深的知识，要发现和捕捉机遇是不可能的。一是各种技能的学习和掌握，只具备知识，而没有必要的工作能力，机遇便会默默地从我们身边溜走。

机遇会时不时轻轻敲打着我们的门窗，可惜的是，许多人或者没有听到，与机遇失之交臂，或者还没准备好，眼睁睁看着机遇离开。于是，一次次地失去机会，最终一事无成，末了还怨天尤人，说自己时运不济，生不逢时。而那些时刻准备着的人，机遇一来，就能紧紧抓住不放，"好风凭借力，送我上青云"，建功立业，叱咤风云，走上成功的坦途。即便环境恶劣，机遇不来敲门，他们也能主动出击，去捕捉机遇，追求机遇，创造机遇。

机遇就像时间和空间一样，对每个人都是均等的，关键是我们怎么把握住和利用它。我们可以利用机遇，但不可拥有机遇。也就是说机遇不会等待我们准备，如果我们没有准备好，机遇就会钟情于别人。

偶尔一次没有抓住机遇也没有关系，不要伤心气馁，我们应该继续努力。与其临渊羡鱼，不如退而结网。做自己喜欢的事，选择自己热爱的事业，做好充分准备，以抓住下一个机遇。

要想成功地抓住机遇，就要有敏锐的观察力。在日常生活中，常常会发生各种各样的事，有些事使人大吃一惊，有些事则平淡无奇。一般而言，使人大吃一惊的事会使人倍加关注，而平淡无奇的事，往往不被人们所注意，但它却可能包含有重要的意义。一个有敏锐观察力的人，就要能够看到不奇之奇。

时代和社会向人们提出了挑战，也给人们提供了各种机遇。人们不能盲目地迎接挑战，也不能希望机遇会让自己全都撞上，而应该摆正挑战与机遇的关系，这样才更有利于实现社会幸福和个人的幸福。

挑战与机遇并存，只有勇敢地迎接挑战，捕捉住机遇，才能够大显身手。我们要摆正挑战与机遇的关系，需要考虑到个性、气质与兴趣，只有根据每个特有的个性去设计人生，才能叩开机遇之门，踏入幸福之境。

 心理常识：领域效应

人际间因亲疏不同，而导致不同的相隔适度距离，这段距离称之为领域空间。与人陌生，领域空间越大，人们的心里越平静，这种现象称之为领域效应。

每个人都有习惯的生活空间，如座位、床位、办公桌……不喜欢别人侵占，即使朋友去坐，潜意识里也会感到别扭。在公共汽车上，人们也都喜欢一个人独占两个人的座位；看电影、看戏时，人们不得已地坐在互相紧挨着的座位上，若空座位很多，人们宁肯到较偏的座位上就坐，而不愿坐到中间与别人紧挨一起。这一切，都是领域效应在起作用。

第六章 成功心理学

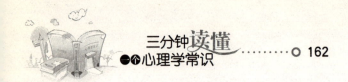

激情是成功的内在驱动力

古往今来的成功之士，无不与他们的积极激情投入有着至关重要的关系，可以说，激情与人生成功有着不解之缘。微软公司招聘员工时，有一个很重要的标准：被录用的人首先应是一个非常有激情的人。一位人力资源主管一语道出了内中的真相："我们不能把工作看成是几张钞票的事，它是人生的一种乐趣、尊严和责任，只有对工作拥有激情的人才会明白其中的意义。"

激情是一种力量，它可以融化一切，正如西点军校将军戴维·格立森所说，"要想获得这个世界上的最大奖赏，你必须拥有过去最伟大的开拓者所拥有的将梦想转化为全部有价值的献身热情，以此来发展和展示自己的才能。"考察某人能否将事情做好，除了考虑才干和能力，还要看一个人是否有激情。因为如果你有激情，几乎就所向无敌了。要是一个人没有能力，却有激情，他还是可以使有才能的人聚集到他身边来。假如他没有资金或设备，若他有激情说服别人，还是有人会回应他的梦想的。激情就是成功和成就的源泉。人的意志力、追求成功的激情愈强烈，成功的几率就愈大。

激情是一个人事业发展中的原动力，是一种洋溢着强大生命力的内驱力，对于想获得事业上的成功者来说是相当重要的。激情能够让人专注，使其对目标会有永无休止的追求。激情是一种执著，是对工作、对事业的锲而不舍，始终如一。威尔斯对"费马大定理"就有着异乎寻常的激情。那种感觉就是非常喜欢，非常激动。因为有了激情，才足以让他坚持这么多年而不放弃。

美国成功学大师拿破仑·希尔也有这种感觉，他认为激情是一种意识状态，能够鼓舞和激励一个人，使其对自己手中的工作采取行动。所以，有了激情就有了一种奋力前行、永不懈怠的精神状态。

激情是工作当中一种最为难能可贵的品质，对于一个人来说就如同生命一样重要。有了激情，任何一个人都可以释放出巨大的潜在能量，补充身体的潜质，并发展出一种坚强的个性；有了激情，可以把枯燥的工作变得生动有趣，使自己充满对工作的渴望，使自己产生一种对事业的狂热追求；有了激情，我们可以获得老板的提拔和赏识，从而获得更多的发展机会。

心理学研究表明：做事要有激情，才不会疲倦。许多成功人士都表示，当他们对工作充满激情时，丝毫感觉不到疲劳。一般人可能认为，成功只需要一个聪明的脑袋，但事实上，一个心理杂志经过调查认为，对于大多数成功人士来说，聪明不是第一位的，激情和坚守才是最重要的。可见，一个人或者一个单位，只要有了激情就会有使不完的力量，即使身处逆境，也会有所创造、有所成就。

激情，就是一个人保持高度的自觉，就是把全身的每一个细胞激活起来，完成心中渴望的事情。激情是一种强劲的情绪，一种对人、事、物和信仰的强烈情感。激情甚至可以改变历史，多少伟大的爱情故事、多少历史的巨大变革，莫不与激情息息相关。

人在激情的支配下，常常能调动身心的巨大潜力。它是我们面对机遇，敢于争先，敢于探索，面对落后，敢于奋起，面对竞争，敢于创新的勇气。它又是让我们怀着一颗火红炽热的心，认真负责地去对待工作，对待事业，把心思用在工作中，把精力投向事业中的责任感。激情是活力的源泉，是生命价值的体现，更是发展自我、展现自我的催化

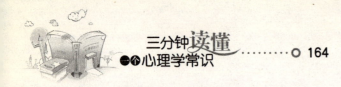

剂。理性的激情不是一时的感情冲动，心血来潮，兴之所至，而是来自对生活的热爱、工作的执著、事业的忠诚。

自强不息是激情不断迸发的动力，是推动事业发展的加速器。我们所处的时代是一个飞速发展、竞争激烈的时代，因此，保持高昂的激情尤为重要。一个有激情的人，必然是精神焕发、积极进取的人。工作中的激情可有效激励你达到每日的工作目标，并能重燃成功的希望，推动我们不断前进，更上一层楼。

有了激情就有了一种信心百倍、率众而为的人格魅力。教师若能充满激情地备课、讲课，知识便会像阳光、雨露一样驱散学子们心里的阴霾，滋润其求知欲望，从而产生积极的心理效应。领导若是对工作充满激情，则有助于事业兴旺发达。领导的激情是员工们积极行为的巨大动力源。它会激励人们挖掘潜能，克服艰险、攻克难关。激情是一种迎难而上、勇往直前的意志力量，激情是一种燃烧生命、干事业的无私奉献精神。

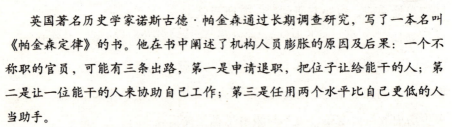

心理常识：帕金森定律

英国著名历史学家诺斯古德·帕金森通过长期调查研究，写了一本名叫《帕金森定律》的书。他在书中阐述了机构人员膨胀的原因及后果：一个不称职的官员，可能有三条出路，第一是申请退职，把位子让给能干的人；第二是让一位能干的人来协助自己工作；第三是任用两个水平比自己更低的人当助手。

这第一条路是万万走不得的，因为那样会丧失许多权利；第二条路也不能走，因为那个能干的人会成为自己的对手；看来只有第三条路最适宜。于是，两个平庸的助手分担了他的工作，他自己则高高在上发号施令，他们不会对自己的权利构成威胁。两个助手既然无能，他们就上行下效，再为自己找两个更加无能的助手。如此类推，就形成了一个机构臃肿，人浮于事，相互扯皮，效率低下的领导体系。

坚强的意志能够战胜一切困难

一个人要想成功，必须有坚强的意志。运动场上如果两者实力相当，在技术和战术上也相差无几的情况下，心理素质如何，谁的意志力更坚韧就成了决定比赛胜负的分水岭。意志就是人自觉地确定目的并支配其行动以实现预定目的的心理过程。

人的心理是在实践活动中，即在人同客观现实的相互作用中发生的。因此，人在反映现实的时候，不仅产生对客观对象和现象的认识，也不仅对它们形成这样或那样的情绪体验，而且还有意识地实现着对客观世界的有目的的改造。这种最终表现为行动的，积极要求改变现实的心理过程，构成心理活动的另一个重要方面，即意志过程。

人为了达到一定目的，要克服不同种类和程度的困难。由于遇到的困难不同，因而意志活动的表现也不同。例如，睡觉之前要完成必须及时完成的任务；胖人要克制自己进食的生理需求而采取减肥活动；学生的刻苦学习，艰苦奋斗等。这些行动之中都有意志活动。

每一个人都希望有自己的一番事业，而创业是一个长期坚持努力奋斗的过程，立竿见影，迅速见效的事是极少的。在方向目标确定后，创业者就要朝着既定的目标一步步走下去；纵有千难万险，迂回挫折，也不轻易改变初衷，半途而废。创业者的恒心、毅力和坚忍不拔的意志，是十分可贵的个性品质。遇事沉着冷静，思虑周全，一旦做出行

第六章　成功心理学

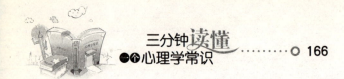

动决定，便咬住目标，坚持不懈。坚持并不容易，创业者必须有坚强的意志力。

意志对行为的调节和支配并不总是轻而易举的，常会遇到各种外部的或内部的困难，因此意志行动的实现往往与困难的克服相联系。所谓困难，是实现有目的的行动的障碍，而克服困难，就意味着对行动的预定目的的坚持。所以，意志行动中所克服的困难越大，意志行动的特征就显得越充分、越鲜明。

有一个年轻人去一家知名企业应聘，而该企业并没有刊登过招聘广告。见总经理疑惑不解，年轻人用不太纯熟的普通话解释说自己是碰巧路过这里，就贸然进来了。总经理感觉年轻人很真诚，破例让他一试。

面试的结果出人意料，年轻人表现糟糕。他对总经理的解释是事先没有准备，总经理以为他不过是找个托词下台阶，就随口应道："那你准备好了再来吧。"一周过后，年轻人真的就来了。可是，这次也不尽如人意，总经理还是回答说："等你准备好了再来吧。"一连两次年轻人的表现都不是很好，但是，年轻人依然没有放弃。第三次，年轻人终于被该企业录取了。当有人问他为什么能坚持的时候，他说："我只是告诉自己，再试一次。"这就是一种意志力，成功永远在你要试的下一次，只要能坚持，就会取得成功。

克服每一个困难都离不开意志力。执行任务依靠的是内心的力量，是一种坚忍不拔的毅力和滴水穿石的耐力。事实上，意志力并非是生来就有或者不可能改变的特性，它是一种能够培养和发展的技能。

锻炼意志力的过程，大多要配合一个计划实施的过程，使人能够习惯于利用计划管理自己，以提高效率，实现目标。这就是我们培养意志力的目的。那如何才能培养出坚强的意志呢？

1. 明确目标

准备考试，完成工作等，目标要尽可能明确：考试，希望获得什么样的成绩；工作，要达到什么绩效。所定的目标一定要合理，不能太高，不要浪费过多的时间和精力在细枝末节上。当然，也不要太低，古人说得好："法乎其上，得乎其中；法乎其中，得乎其下。"

在许多情况下，将单一的大目标分解或转化成许多小目标，也不失为一种好办法。考试还可以用简单的一个成绩来计划，而工作绩效、个人发展，则都需要你详细分析，把目标尽可能细化。越细化越容易成功，而每一次成功都将会使意志力进一步增强。每一次成功都能使自信心增加一分，给你在攀登悬崖的艰苦征途上提供一个坚实的"立足点"。为每一个小成就而喝彩，能帮助你坚持下去。

2. 慢慢开始行动

罗马不是一天建成的，无论目标是什么，不要幻想一蹴而就。如果你想戒咖啡，先将清晨的一杯咖啡换成一杯水，由此慢慢开始行动，而不是一再地发誓："以后再也不喝咖啡！"行动却跟不上。如果你用顽强的意志克服了一种不良习惯，那么，你就获取了在另一次挑战中角逐并获胜的机会。

此外，换个环境，减少诱惑，也是增强意志力的好办法。比如，想戒烟的话，就避免进入酒吧或饭店之类会点燃吸烟欲望的场合。

心理常识：最后通牒效应

对于不需要马上完成的任务，人们往往是在最后期限即将到来时才努力完成的情形，称为最后通牒效应。这种心理效应可能反映了人类心理的某种做事不积极的倾向，即人们在从事一些活动时，总觉得预备不足，感到能拖就拖，但不能拖的情况下，比如，当不答应预备的时候，或者已经到了规定的时间，人们基本上也能够完成任务。

心理学认为，人们拖拉的真正原因其实就是恐惧。而驱除恐惧的唯一办法就是迎向它，行动起来，尽早完成任务。

婚恋心理学

——遵从心的指引，赢取婚恋幸福

恋爱结婚是每一个成年人，尤其是青年男女关心的大事。婚恋问题，不仅对社会的安定与发展有密切关系，而且对围城内外每一个人的身心健康、人际关系以及家庭幸福都具有极其重要的现实意义。所以，掌握婚恋心理学对每一个成年人来说都尤为重要。

总是忘不掉的初恋

古往今来，有多少关于初恋的美丽故事，令人激动，令人喜悦，也令人伤感！初恋给当事人留下的印象往往十分强烈，因为它大悲大喜，轰轰烈烈，富有神秘感，而且十分纯洁。早在17世纪，法国哲学家拉·布利伊尔说过："人真正由心底深处发出感情来恋爱的只有一次，那就是初恋。初恋以后的各次恋爱，都不如初恋那般全心全意，毫无顾忌地投入感情。"

如果说爱情是人世间五彩缤纷的繁花：有浓艳的牡丹，有素雅的香兰，有盛开的秋菊，有一现的昙花……那么，初恋就像是初放的茉莉：素洁、美丽、馥郁、迷人。初恋的花朵在人生漫长的旅途中只能采撷一次。这朵花充满青春的热情，又带着少年的稚气。第一次怦然心动，第一次约会的期待，第一次互相牵起的手，还有那第一次羞涩的吻，一切都是那么的令人难以忘怀。

初恋作为爱的起步，是爱情交响曲中的第一个乐章，它带着神秘的色彩，缓缓地流淌着兴奋的、冲动的、急切的、优美的乐思。初恋者徜徉于其中，心中充满了新奇与热情。

初恋的典型特征就是由好感不知不觉地走向爱。许多初恋的人，往往浑然不觉自己已在恋爱了。对于情窦初开的年轻人来说，强烈的好感同内心的爱慕很难划出明显的界限。在共同的不断接触中，从相识、友

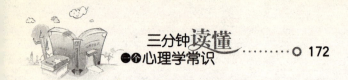

谊而走向爱，往往是那样自然。初恋的感情为若明若暗性，初恋者对所爱的人感到不确定和朦朦胧胧。有位著名心理学家对五十多位初恋者做过调查，询问他们为什么会爱上对方？结果大多数人说："我觉他好，有强烈的吸引力。"这种含糊的回答反映出初恋者在心理上并没有一套成熟的关于择偶标准的想法，初恋太过青涩、冲动，往往以失败告终。

美好的初恋虽是短暂的，但那份记忆却是很难忘却的。初恋的感觉，无与伦比，不是单单用语言文字可以描述的，有人回忆说："我现在只能说，那时，真的很美好。"心动的感觉强烈而羞涩。有人说：初恋是清晨苇叶上的露珠，美丽、纯洁，但短暂；初恋像是首次弯弓射箭的比武，全力以赴，但命中率很低。尽管如此，初恋还是使人终生难忘，因为它是爱情征途上的第一站。

这最初最真挚的爱的经历留在人们心中的烙印是难以磨灭的，有些人直到晚年还会对高中时的恋人念念不忘，尽管初恋带来的可能是最深刻的创痛。初恋的情感和心理特征告诉我们，初恋是具有两重性的，它是纯洁无瑕的，也可能幼稚无知；它给你带来甜蜜的幸福，也可能令你遗憾和痛苦。初恋的成功与失败，都会给人留下永生难忘的回忆，并深深影响当事人以后对爱情的看法。

心理学家契可尼通过实验证明，一般人对完成了的事情极易忘怀，而对中断了的、未完成的事情却往往记忆犹新。初恋的未完成情景，大多深深地印入脑际。记忆力还有一种奇特的功能，即它能把悲痛的经历转化为甜美的回忆，这叫做"记忆的乐观主义"。初恋的"潜效果"也是如此。人们在下意识地淡化过去恋情的同时，却将早已分手的恋人理想化。的确，初恋就像春雪般柔和、短暂，太阳一照它就融化了，但是，却永远记住了那场雪。

初恋往往是非理性的，情绪化的。感情起起伏伏是一个人不成熟的表现，不利于个人身心健康。初恋是必定经过的心理休憩之所，累了，就歇一会儿，但不要太依恋这个小小的港湾。你人生还有很长的路要走，不管坎坷、崎岖，不要把整辈子的感情停留在这个曾经路过的驿站里。走出一步，相信你会比以前获得更大的收获。不要默默地埋藏你未来的梦想，要知道，人生需要不断向上追求。

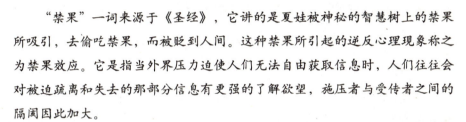

心理常识：禁果效应

"禁果"一词来源于《圣经》，它讲的是夏娃被神秘的智慧树上的禁果所吸引，去偷吃禁果，而被贬到人间。这种禁果所引起的逆反心理现象称之为禁果效应。它是指当外界压力迫使人们无法自由获取信息时，人们往往会对被迫疏离和失去的那部分信息有更强的了解欲望，施压者与受传者之间的隔阂因此加大。

在莎士比亚的剧作中，罗密欧与朱丽叶相爱，但是，由于双方世仇，他们的爱情遭到了极大阻碍。但压迫并没有使他们分手，反而使他们爱得更深，直到殉情。所以，禁果效应又称罗密欧与朱丽叶效应，指当出现干扰恋爱双方关系的外在力量时，恋爱双方的感情反而会加强，恋爱关系也因此更加牢固。

单相思甜蜜而痛苦

有人说，世上任何具象的事情，都不能唯美，都不能超然于生活而形成独立的纯粹美、形式美，唯有一种感情，它能，它就是暗恋，也就是单相思。

单相思是一种纯洁、高尚的感情，是一种追求美好的向往，是人之常情。心理学家指出，"单相思"比"两相思"实际上更为常见，几

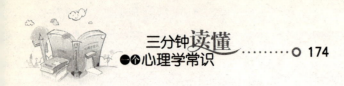

乎所有成年人都饱尝过"单相思"或被他人"单相思"的苦涩或尴尬的滋味。

肖钢在年轻的时候，曾经喜欢过一个同班的女孩。他们两家只隔着一条街道。肖钢每天放学都会骑着自行车跟在她的身后，远远地看着她的背影。肖钢能真切地感觉到心中盛满了欢喜。那时，肖钢真希望回家的路能更长一些。那样暗暗地喜欢一个人，是非常单纯、美好的。在肖钢心中，她是如此的圣洁高贵，他从不曾想要去占有她。他心无杂念，只是一心希望她能快乐。只要看到她高兴，他就觉着快乐。肖钢在多年后回想起来仍然觉得这种感情非常美好。

唯美的画面，唯美的空间，唯美的时间。在想象中忘却残缺，在意境里收藏美好。单相思中，有一份深深的想念，沉实却不厚重；有一种淡淡的情怀，飘忽却不轻浮；有一种美美的奢望，坚定却不贪婪。

爱情是一种刺激，而单相思是一种甜蜜而痛苦的刺激，它的痛苦就在于你把对方放在心里面，对方却把你放在心外面。

单相思让人产生很多奇怪的念头。处于单相思状态的人会因对方的一个眼神、一个微笑而高兴不已，同时，也会因为对方的无意冷漠而暗自伤神；常常想着对方的一颦一笑，却又害怕真实的靠近。这种感觉说不清是好是坏，有人形容它就像在远处欣赏停在花朵上的美丽蝴蝶，想靠近它又怕惊动它，想捉住它又怕失手而失去它，只好默默地欣赏，甜蜜而痛苦。

单相思是一种美丽的情怀，也是一份浪漫的伤痛。单相思带有一丝甜蜜的成分，但总的来说，还是会有痛苦的。这样的痛苦，一方面来自于对自身条件的不自信；另一方面则是出于对暗恋对象态度的不确定。当一个女孩看到自己喜欢的男孩牵着另外一个女孩的手，当心爱的人对你视而不见，你拿他当宝，他却拿你当草的时候，任何人都会有一丝心酸。最重要的是你为他辗转难眠，他却毫不知情，那种煎熬，用痛苦两字都不足以形容。

由于恋爱是两厢情愿的事。单相思者常常为此而陷入极其难堪、苦闷和烦恼的境地。单相思是每一个人都有可能产生的情感寄托，大多数人能够及时摆脱这种畸形情感的束缚，也有人可能陷入极其难堪、苦闷和烦恼的境地，不仅影响学业、事业，而且影响身心健康。

我们必须树立崇高的方向，消除单相思的烦恼，使自己有利于社会和本人。所以，一旦觉得自己陷入单相思的苦海中时，尤其有了不良欲望时，就应该用坚强的意志尽快转移情感，寻找新的情感依托，以此淡化单相思的痛苦，遏制欲望。要设法将自己从爱的漩涡中解脱出来，如参加一些集体活动，看看电影，外出旅游等，使自己的注意力由对方转移到其他生活内容上去，这样才能逐渐使记忆淡漠，从而避免单相思引发不良反应。

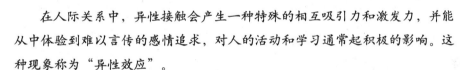

心理常识：异性效应

在人际关系中，异性接触会产生一种特殊的相互吸引力和激发力，并能从中体验到难以言传的感情追求，对人的活动和学习通常起积极的影响。这种现象称为"异性效应"。

这是一种普遍存在的心理现象，表现是有两性共同参加的活动，较之只有同性参加的活动，参加者一般会感到更愉快，干得也更起劲，更出色。这是因为当有异性参加活动时，异性间心理接近的需要得到了满足，因而会使人获得程度不同的愉悦感，并激发起内在的积极性和创造力。男性和女性一起做事、处理问题都会显得比较顺利。

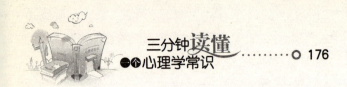

情人眼里出西施

当月下老人牵线让一对男女结合在一起的时候，双方都可以找出一千条非他不嫁、非她不娶的理由，正所谓"天作之合"。沉浸在爱河中的恋人们常说，"我的眼里只有你"。美国研究人员发现，这是因为爱情可以给恋人们蒙上一层"眼罩"，让他们对其他漂亮异性"视而不见"。

所谓的"视而不见"应该是特指，是人们选择性地"视"，即带着情绪、情感和需求去"视"。强烈的情绪往往带出生理上的反应，这包括视觉、感觉上的不同反应和选择，表现为只选择单一的信息。对于情人来说，则只看到了情人的优点。

在现实生活中，许多人并不具有迷人的魅力和无穷的吸引力，但仍有异性选择，并深深爱着他。这是因为，在两性交往中，随着交往的深入，对方的内在美比如诚实、刚强、理想远大、品格高尚，能力强等品质被相恋的一方所认识。内在美会弥补、掩盖外表形象的不足，平平的相貌可以完善起来，使人觉得很美。这就是所谓的"情人眼里出西施"。

"情人眼里出西施"意思是说，恋人之间产生了好感，就会觉得对方像西施一样美丽无比。心理学上称之为"审美错觉"。审美错觉是对审美对象深入体验之后而产生意象形态的变化。人的相貌是天生的，但作为审美形态，一般来说，会随人的情感变化而变化。

关于"情人眼里出西施",不同的人有不同的解读。有人认为,这是因为个体差异所致,正所谓,有一千个观众就有一千个哈姆雷特。女作家夏洛蒂在她的小说《简爱》中也曾说过:"美与不美,全在看的人的眼睛。"

生活中,我们还可以看到这样一种倾向:爱者总想与被爱者更加接近,关系更加亲密,总想触摸他、拥抱他,总是思念对方。而且爱者感到自己所爱的人要么是美丽的,要么是善良的,要么是富有魅力的,总而言之,是称心如意的。因为恋爱中的男女会互相美化、互相吸引。这时容易出现"期望效应",即把自己所希望出现的特征赋予对方,所谓"月移花影动,疑是玉人来",把自然景物和周围环境都打上了爱情的印记。

心理学家对爱情的特征是这样描述的:男女双方从内心深处都感到异性存在的美好,并渴望用各种方式接近异性,引起特定异性的注意与好感。爱情体验,主要是由一种温柔、挚爱的情感构成的,一个人在体验到这种情感时还可以感到愉快、幸福、满足、洋洋自得甚至欣喜若狂。对于热恋中的人来说,"情人眼里出西施",也就不足为怪了。

音乐大师贝多芬相貌丑陋,可年轻美貌的勃伦施维克小姐为他神魂颠倒。这是爱情的力量。莎士比亚在他的喜剧《仲夏夜之梦》中也说,情人和疯子一样癫狂,他可以从一个埃及人的脸上看到海伦的美。美学大师黑格尔说过这样一段话:"每一个人都觉得他爱的人是世界上最美、最高尚的,甚至找不到第二个,尽管在旁人看来只是很平凡的。但是既然一切人或是多数人都显出这种排他性,每个人所爱的并不是真正的唯一的女爱神,而是每个人把他所心爱的女子看成女爱神或是比女爱神还强。"

谁都有过审美错觉:当一个人爱上另一个人,会觉得她的一举一动、一颦一笑,无处不美。甚至连哭泣和发怒都美。"爱屋及乌",乌鸦本不美,因为落在所爱者的屋顶,也竟成了美的事物。这就是审美错

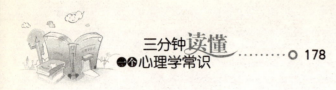
觉产生的心理效果。

"情人眼里出西施"这种心理错觉现象，其功用的主导方面是积极的。它说明了爱情审美观不是机械被动的，而是积极能动的；不是消极的物理反映，而是富有想象和创造性的心理反映。它可以推动爱情向前发展，也有利于爱情的忠贞专一。可以使爱情更高尚、更甜蜜，使"天下有情人终成眷属"。它甚至还可使有严重缺点的人、失去信心的人重新领略到人生的乐趣，燃烧起对生活的热望。

然而，对于"情人眼里出西施"这种心理活动，我们必须辩证地去看待它，切不可盲目地加以推崇。因为，对于缺乏理性和理智的人来说，一味沉浸在"情人眼里出西施"的心态中，头脑狂热发昏，就有可能播下苦涩的种子。此时很有可能在学习、工作时心猿意马，注意力不集中，容易出现差错。故恋爱中的人应注意控制情绪，放开视野，利用爱情的强大动力互相帮助，共同提高。

心理常识：过度理由效应

在日常生活中我们常有这样的体验：亲朋好友帮助我们，我们不觉得奇怪，因为"他是我的亲戚"、"他是我的朋友"，理所当然他们会帮助我们；但是如果一个陌生人向我们伸出援手，我们却会认为"这个人乐于助人"。

同样，在家庭生活中，妻子和丈夫常常无视对方为自己所做的一切，因为"这是责任"、"这是义务"，而不是因为"爱"和"关心"。这就是社会心理学上所说的"过度理由效应"。

相爱容易相守难

千年修得同船渡，万世才能共枕眠。茫茫人海中能够与一个人相识、相知到相守是很不容易的。大家都知道，应该珍惜这份缘分，可是，当爱情走向婚姻之后，很多人才意识到，相爱容易相守难。

爱情是两个相爱的人之间的互相欣赏，互相体贴，互相爱慕，不论是被外貌还是才华所吸引，都纯粹是两个人之间的事情，与其他人无关，也不需要考虑其他，只要相爱的两个人彼此都觉得幸福。但是，婚姻却不同，爱情是婚姻的基础，但并不是婚姻的全部。

相爱只在一念之间，一瞬间两个人便可以碰撞出爱的火花，双双坠入爱河，都觉得自己是世上最幸福的人。但是，要把最初那一闪的火花变成永恒却是很难的。随着在一起时间的延长，随之而来的是柴米油盐酱醋茶奏响的锅碗瓢盆交响曲。年复一年的生存打拼，耗尽了短暂的青春活力，日复一日的琐碎生活，消融了当年的浪漫情怀。待到人老珠黄，满脸褶子的时候，可以"背靠着背坐在地毯上"，回忆起当年唱响的《最浪漫的事》的人真的不多了。所以，经常有人说，寻到真正的情人不容易，而有幸碰到了，能够一起相处下去，就更为不易了。

张阳和夏雨相识后很快进入热恋期。张阳在火热、单纯的爱里幸福快乐；沉浸在爱河中的夏雨更是把爱当做生活的全部，把张阳当成生活的唯一意义，似乎整个世界只有张阳一个人。夏雨觉得自己爱得伟大，

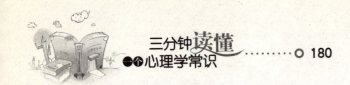

爱得无私。在这种状态下，他们很快就结婚了。

婚后，张阳为了使生活变得更好，更加卖力地工作，陪夏雨的时间渐渐变少。夏雨则把自己封闭在了婚姻生活中，从前的爱好搁置不顾，从前的密友很少来往，从前的志向远远抛开，从前的灵性自然也不再闪现。

慢慢地，夏雨开始抱怨张阳一整天没有一个电话，她数落他又有几天没有给她发短信，她怀疑他不再像最初一样爱她，她在心里反复比较他的细微变化。越是这样，她内心越不安，张阳也越紧张。有时候，为了让老婆开心张阳甚至刻意给夏雨打电话，发短信。可是这种例行公事的方式不仅张阳自己觉得很勉强，夏雨也很难从中感受到温情。

随着热情的渐渐消退，张阳发现，从前的那个有个性，有自尊，思维活跃的夏雨不存在了。他甚至觉得夏雨变得越来越狭隘、敏感、多疑，甚至乏味。没有了当初热恋时进取的动力，两个人相处得越来越艰难。

有的人说，真正的爱情连大风大浪都经受过，难道还经不起洗衣做饭的生活琐碎吗？可是事实证明，生活的琐碎比大风大浪更可怕，而性格不合成了最主要的原因。性格不合，听起来好像也不是一个多么严重的理由，实际上却可能是难以逾越的鸿沟，让许多爱情和婚姻亮起红灯。

不可否认，我们许多人当初恋爱的时候，都多多少少隐藏了一些自己的真性情。随着在一起的时间加长，生活和时间使我们的缺点渐渐暴露，相互之间的矛盾也渐渐出现。这时，我们可能会对曾经的海誓山盟产生怀疑，怀疑自己当初的选择，怀疑双方能否走过风雨四季。这怀疑一开始就越发怀疑，怀疑到头了，感情也面临散场了。

热烈奔放的爱情是一种体验，毕竟短暂。有时候，我们最爱的人并不是最适合和我们一起生活的人，而合适的人可能才是与我们相伴一生的人。倾其一生，找一个适合自己的人，比找一个爱自己的人还要困难。爱情也许是可遇而不可求的，但婚姻却是需要随时经营的。在生活中，我们才能真正体会到平平淡淡才是真。

人们婚前能做到相互吸引、包容，是源于他早期的情感模型所建构的"爱的理想模型"，婚后为什么就做不到呢？很简单，爱的"时效"和幻象性，就足以解释恋爱时的伴侣为何能满足对方所需。当爱的激情潮水已经随着时间而渐渐退去时，相爱过的人就会明白，爱情是一个美丽的神话，爱情来时使人觉得幸福快乐无比，但是，它很单纯、很稚嫩、很容易碎裂，而真正的成熟的相爱很现实。现实的相爱，实际包括爱你不想爱的东西。

心理常识：超限效应

美国著名幽默作家马克·吐温，有一次在教堂听牧师演讲。最初，他觉得牧师讲得很好，使人感动，准备捐一笔钱。过了10分钟，牧师还没有讲完，他有些不耐烦了，决定只捐一部分零钱。又过了10分钟，牧师还是没有讲完，于是他决定，1分钱也不捐。等到牧师终于结束了冗长的演讲，开始募捐时，由于气愤，马克·吐温不仅没捐钱，还从盘子里拿了一些零钱。这种刺激过多、过强和作用时间过久，而引起心理极不耐烦，或者反抗的心理现象，称为"超限效应"。

婚姻中，学会为爱情保鲜

有人说，婚姻是爱情的坟墓。有人说，爱情是天上人间，婚姻是人间地狱。有人说，爱情是拿来相爱的，而婚姻是用来过日子的。婚姻与爱情不同，走进婚姻，生活给予了双方更多的考验，为了使婚姻坚持长久，我们应该学会为爱情保鲜。

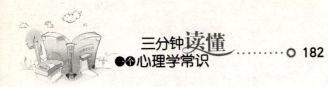

阿珍向朋友哭诉说："结婚之后，我为他洗衣、煮饭，把孩子带大，辛苦一辈子，可他非但不珍惜，反而觉得我越来越不性感、不漂亮，最后还在背地里称我为黄脸婆。最近我发现他在外边有人了……哎，还真不如做他的情人来得幸福些。"

婚姻会有7年之痒，无以计数的婚姻纠纷、越来越高的离婚率，使很多人都对婚姻望而却步。于是，社会上出现了越来越多的单身贵族，他们的口号是：只相爱不结婚。其实，不幸福婚姻的种种现象，很多都是在婚姻中不会为爱情保鲜而造成的。

我们的生活中也不乏美满的婚姻、美满的家庭，夫妻执手，白头到老。这样的婚姻是令人羡慕的，让人向往的。美满幸福的婚姻之所以美满幸福，是夫妻两个人共同努力、共同呵护的结果，他们能让恋爱时的激情好好延续，并渗透到生活的每一个细节之中。为了保鲜，他们还会不断地为婚姻添加佐料，使这道家庭大餐色、香、味俱全。那些能在婚姻中延续爱情，即使在结婚之后多年仍能幸福地生活在一起的夫妻，绝不会把彼此之间的关系当成理所当然的事情。他们每天都将彼此的感情看成全新的、变化的，需要不断维护的。

1. 共同寻找一起克服困难的感觉

人在特定的环境下，可以从适度的恐惧中获取快感。当你和你的爱人一起去"冒险"时，你们会感觉双方是手牵手一起克服困难的。有相关经历的一位女士说，她很少和爱人一起去滑雪。有一次他们决定一起去滑，一起感受滑雪的刺激感。虽然这是他们玩过的最危险的活动，但是，也是他们俩一起最难忘的记忆。

2. 重现第一次约会的情景

很多人的第一次约会都是充满神秘感的。对方傻傻的眼神，彼此接吻的方式和紧张的心情，这些也许很多年后都还历历在目。所以，老夫老妻为调剂感情不妨重现第一次约会的情景，从中很可能会获得许多意想不到的快乐。

3. "周末夫妻"为爱情保鲜

婚姻中的两个人都需要自由，夫妻双方在保持一定距离的基础上，再适度共同做一些事情，那样的婚姻状况会变得非常美妙。

马先生是一家公司的人事部经理，妻子在一家小企业供职，婚后的感觉并不如他们想象得那般浪漫，甚至有些枯燥、乏味。后来，为了缓解这种状况，他们平时各自自由活动，分开居住，周五才会双双回到家里度周末，一起逛街，一起烧饭，一起骑车到郊区去旅游，过上两天小家庭的日子，每次见面他们都有说不完的话，日子也显得滋润多了。

像他们一样，许多年轻夫妻过起了这样的周末夫妻生活。他们早已办了结婚手续，虽然居住在同一城市，却并不每天都生活在一起，依旧独来独往，只有到某一约定时间才"集合"到一起。夫妻双方在一起生活久了，新婚时的神秘、如胶似漆的吸引力失去了，于是，类似于"走婚"的这种方式成了一种选择。在相逢的日子里，双方都以一种新的容姿展现在对方面前，在小别的寂寞里，麻木的心重新体会一次青春的相思，或许也能给人增添一份美丽的心情。这也不失为一种为婚姻保鲜的好方法。

爱情是美好的、甜蜜的、快乐的，也是充满希望的。每天、每月、每年，所有的言情剧，所有的情歌，所有的爱情故事都试图令我们相信：世上真有一种名为爱情的东西存在，哪怕情会终逝。而婚姻却是现实的、平淡的、苦闷的，也是模糊不可把握的。在婚姻中，我们要学会在平淡中互相欣赏，这会使双方都容光焕发神采飞扬，这样爱情才能常青不败。

爱情的保鲜剂难以外求，其实，也不用外求，它就在我们自己的手中。当我们审视自我，深化自我认识，发展自我时，我们就拥有了制作爱情保鲜剂的秘籍了。

183

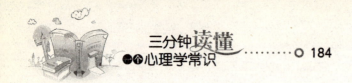

心理常识：瓶颈效应

在马路上，车辆若有次序地行进，可顺畅通过。如果遇到一个狭窄的路段，则车辆密度增大而形成堵塞，流量立即减小。这就是所谓的"瓶颈效应"。

"瓶颈效应"反映的是一定社会心理过程中各个因素、环节的相互关系。社会角色扮演者在进行某项创造活动时，在从事某一学习、工作和生活的角色行为时，要求与之相关的各因素、环节配合与协调并进，如果某一因素和环节跟不上，就会成为"瓶颈"，卡住整个活动或某一行为的正常进行。在琐碎的生活中，一定要注意，不要让自己的幸福婚姻进入瓶颈状态。

结婚后要在心理上负起责任

婚姻的真正内涵是两个独立的人在灵魂和肉体上合二为一，从而在生活中去相互理解、相互包容和相互珍惜，是一种平平淡淡的相守。

选择恋人，每个人心目中都有自己的特定心理，但不管你的标准和要求如何，请你记住，爱情是婚姻最重要的基础，两个人应该是相互敬慕和热爱的，这是婚姻能够得到长久维持的保证。

爱情不需要负担很多，而婚姻却要负担起两个人甚至两个人原来家庭的生活重担，需要照顾彼此的父母和兄弟姐妹。婚姻本身就是一种责任，是一生的承诺，因此，结婚的对象必须是负责任的人，并且有敢于承担的勇气，和对彼此的忠诚。

爱情可能一触即发，一见钟情，而婚姻则是一段漫长而寻常的过程，它能予人以安定、温暖，也会因太过平常而让人感到厌倦。因此，婚姻需要恒久的耐心，需要包容，需要合作，需要夫妻双方共同承担婚姻的责任。

有一位研究婚恋的心理学家说："其实，婚姻就是婚姻，它是人生的一段经历，是需要夫妻双方相互扶携和容忍，相互付出和帮助的人生过程。婚姻既不是什么神圣的殿堂，也不是什么可悲的坟墓，只要你别迷信所谓的爱情，婚姻还是很温暖的。"这里所说的"别迷信所谓的爱情"，其实就是告诫人们，婚姻和爱情不同，不要拿对待爱情的态度来对待婚姻。

爱情，只有爱就可以支撑，只有付出，没有回报；婚姻则不同，除了爱，还需要很多方面来支撑，而爱只是其中一个比较重要的元素罢了。

大家都知道，家庭是社会的细胞，婚姻是家庭的支柱。所以，婚姻是家庭责任，也是社会责任，婚姻双方在同一屋檐下同床共枕，共同赡养老人和抚养子女，任重而道远，确保爱情不变质的核心是责任，彼此以默认来互相承诺信守。

婚后，一些不成熟或者玩心比较重的男人渐渐会对自己的妻子产生"审美疲劳"。婚姻这种需要忍耐和妥协的生活方式是不适合他们的，任何人想让一个不懂得责任为何物，或者一提到承担责任就感到畏惧的男人在婚姻中实践自己的角色，都几乎是不可能的。婚姻中出轨几率最高的也是这种男人。他们没有责任感，没有自制力，他们渴望新鲜、活跃、自由，按部就班的生活会令他们窒息。为了某些现实的需要，即使结婚了，其内心也会充满抗拒，始终会向婚姻的围墙外眺望更新鲜的风景。这样的男人对婚姻是负不起责任的。

诚然，在这个世界上，世俗赋予男性太多的压力，做个男人不容易，但这并不是男人可以随心所欲的理由。尽管大多数有婚外情的男人都没有想过要放弃自己的婚姻，但他们无论在精神上，还是肉体上都背叛了自己的婚姻。婚姻意味着责任，如果选择了婚姻，就要负起自己的

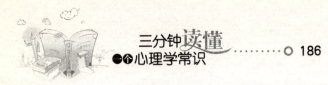
责任，而忠诚就是这个责任的一部分。

在市场经济条件下，人们的价值观受到了很大的冲击，从而也发生了很大的变化。面对性与金钱的交易，很多爱情和亲情的基石被击碎。现代都市中，很多人不再珍惜感情和家庭，自私的享乐主义占据了他们的整个大脑。他们即使结婚了，也会努力推脱自己对婚姻应负的责任。家庭意识淡薄，是他们不能很好地维持婚姻的重要原因。

在西方的婚礼仪式上，夫妻要面对上帝起誓，无论生老病死都不遗弃对方。在中国，拜天地的过程中也有夫妻对拜。这些做法其实就是为了告诉对方，在今后漫长的人生路上，彼此要互敬互爱、相互尊重、不离不弃。

婚姻可以令女人安心，也可以为男人增添稳定的生活元素。婚姻说白了就是过日子，重点不仅在于"日子"，而在于怎么"过"。这个"过"就是一起经营，互相影响，彼此改变。千万不要小看了这个"过"。婚姻双方对自己组建的家庭都是有责任的，如果在家庭生活中出现矛盾，谁也没有理由把过错完全推到对方，双方都应该认真反思，这样才能继续顺畅地"过日子"。

既然组建了家庭，夫妻双方就应该抵挡住周围的诱惑，切莫在这个时候抓住另一个异性的手，而让自己的婚姻与家庭走向破裂。结婚了，就应该强化自身的家庭意识，勇于承担婚姻责任。婚姻就意味着责任，健康家庭的建立需要夫妻双方建立在责任基础上的共同努力。

心理常识：空白效应

心理实验表明，在演讲的过程中，适当地留一些空白，会取得良好的演讲效果，这就是空白效应。

它给我们的启示是，夫妻双方要善于留白，比如给对方自由的时间和空间，让对方能够有自己的时间安排等等。针对某些问题，不妨自己先不要陈述自己的理由，而让对方先表达自己的意见或者建议。在彼此意见不合之后，不要急着恶语相向，相互诋毁，那样很有可能会导致大打出手，最终，大伤感情。要学会沉默，也就是所说的心理上的"留白"，彼此都冷静一下，让对方能够好好去思考一下，给对方，也给自己一些自我反省的时间。这样不会给对方咄咄逼人的感觉，敌对心理就会锐减。

婚内"冷暴力"容易引发婚外情

没有交流，没有沟通，虽同处一个屋檐下，却似两个陌生人，这种不见硝烟的婚内战争被称为"冷暴力"。婚内冷暴力现在已经成为"婚姻新杀手"，它远比拳脚相加、头破血流的身体暴力更具杀伤力。

恋爱时，无论男女都是"话唠"，随着感情日趋稳定，养育孩子、事业繁忙等原因都会使人疏于与另一半交流。"我们之间早就没话说了"成了很多夫妻对自己婚姻状况的调侃。婚内沉默症，其实是婚姻冷暴力的一种，人们常常不小心将它当做正常的婚姻状态，直到引来第三者才知道，它看上去"罪行"轻微，却在不知不觉中伤害了婚姻。

冷暴力包括冷淡、轻视、放任和疏远，而最明显的特征就是漠不关心、语言交流降到最低限度、停止或敷衍性生活、懒于做一切家庭工作。婚内冷暴力还表现在婚姻中的一方或双方在生活的各个方面控制对方，彼此有意或无意地在精神上折磨对方，使婚姻长期处于一种不正常的状态，影响对方正常生活。

婚内冷暴力是一种精神虐待，虽然它不同于以往发生的身体上的伤害，但两者之间的区别只是形式上的差别，其对婚姻的消极影响和破坏作用是一样的。它的出现是婚姻家庭领域不容忽视的问题，表明夫妻之

第七章 婚恋心理学

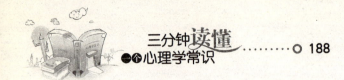

间的爱正在不断消失，这场婚姻正经历着严峻的考验。

在婚姻中，冷暴力的伤害力要远远超过肉体上的伤害，其所造成的婚内压力也远比武力更令人恐惧。冷暴力的出现是婚姻危机和婚变的信号，这至少提示双方或其中一方对另一方的感情已经消失。婚姻是由双方共同维护的，如果其中的任何一方对家庭表现出冷淡和疏远的话，另一方的压力就可想而知了。

婚内冷暴力表面上看似平静，没有激烈的争吵，没有无理的打闹，给外人非常温馨的感觉，但是，实际上却并非如此。婚内冷暴力更多的表现一方不再有性生活的要求，也会以各种理由拒绝对方的性需求。虽然婚内冷暴力并没有对一方造成身体上的直接伤害，但是，它却给其带来了精神上的巨大伤害。这种伤害是非常严重的，可直接拆散一个个幸福的家庭。

有的人因为夫妻冷战分居，结果寂寞难耐，生理上得不到满足，或者夫妻关系不和等等原因，致使一方主动寻找第三者或乐意接受第三者予以补偿，从而形成婚外情，使自己的婚姻面临绝境。当老公对妻子的身体不再有兴趣的时候，他就会对别人的老婆和年轻的女孩产生兴趣。一旦他们与其他女人发生了关系，对妻子就会更加冷淡，会以种种借口夜不归宿。很多婚外情便是在这种情况下出现的。

同样的道理，一方长期被性冷淡，对其身体会造成很大的伤害。这种伤害直接表现在精神状态上，一般会出现精神压抑，性格会变得越来越暴躁。人在这个孤独寂寞的时期是很容易被打动的，只要在恰当的时候感受到了其他异性的关怀和温柔，很容易就会被激情诱惑，冲破传统的家庭理念，从而加入到婚外情的行列。

有人说，冷战是夫妻间最后一场较量。无论对方说什么，防御者都缄口不言，无动于衷，这种态度所发出的信号包含着疏远感、优越感和憎恶的情绪。在绝大多数的案例中，夫妻间冷战的始作俑者是丈夫，他们以此来对付妻子的人身攻击和轻蔑鄙视。而冷战对夫妻关系的破坏力极大，它排除了夫妻握手言和、重归于好的可能性。所以，如果你发现你的配偶开始出现冷暴力倾向，在任何时候都千万不要大吵大闹，那样会适得其反，你一定要保持冷静，这样才能有足够的心情来分析你们之间的矛盾所在。

当你准备好平静的心情和分析好所有的原因后，你就应该主动提出谈话。谈话要在没有第三者的场合下进行，要开诚布公，把一切有可能的问题都摆在桌面上。你需要的是对方对你同样的开诚布公，如果仅仅是家庭内部矛盾或源于你的矛盾，这种谈话气氛有90%以上解决问题的可能。如果是你配偶本身的问题，像有外遇什么的，这样也能有助于让你了解事情的真相，或者说，至少让你明明白白地知道自己所受的委屈和失败是因为什么。

婚姻出现冷暴力后，即使一开始真的不算什么，也决不能轻视其存在，我们应该看到它对婚姻的危害性，及时阻止这种冷暴力的继续发展，尽自己最大的能力去维护自己的婚姻和家庭。

心理常识：花盆效应

花盆效应，又称局部生境效应。花盆是一个半人工、半自然的小的植物生存环境。从自然角度讲，它并不是很适合植物生长。

首先，它在空间上有很大的局限性。这种局限性使其在生长养分上不能得到充分的满足，即使人照看得很周到，也不比大自然的天然养分好。其次，由于人为地创造出非常适宜的环境条件，在一段时间内，作物和花卉可以长得很好。但是却经不起风吹雨打，生命力脆弱。所以，一旦离开人的精心照料，经不起温度及其他的变化，没有旺盛的生命力，便会容易枯萎。

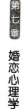

第七章 婚恋心理学

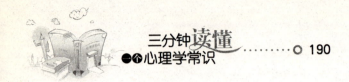

再婚，心理上不能再错

随着离婚率的逐年递增，再婚者也越来越多。由于在过去婚姻中扮演的角色不同，再婚的心理也不尽相同。再婚双方都带着过去那段失败婚姻的痕迹，彼此的感情都不再是一张白纸了。再婚者会用过去婚姻中的甜蜜部分来比较现在拥有的，也会用过去伤痛的部分来衡量现在的磕碰。再婚者在经济上也会有所防范，怕婚姻中夹杂着其他目的。曾经被伤过的心更需要特别小心，怕重蹈覆辙。再婚者还不敢在感情上太过投入，因为来自情感的伤害会远大于物质的损失。这种心理关系到今后再婚家庭的稳固、和谐、幸福，也会给再婚家庭带来不安与不幸。

按说，再婚与初婚一样，同样是互相倾慕的男女的结合，应该得到爱情的心理满足，但世俗的偏见往往将再婚贬值，这是封建的残余观念在某些人心理上的反映。如果再婚者也自我贬值，那便是又一次的婚姻悲剧。

离异者或丧偶者如果准备再婚的话，首先就要调整好再婚的心态，因为再婚的男女走到一起不容易，能够认识到第一次婚姻失败的痛苦，具有一定的婚姻经验，那就应该更好地对待新的爱人，更加珍惜新的婚姻才对。所以，一定要克服再婚的心理障碍。那么，具体来说再婚者都会有哪些心理障碍呢？

1. 比较心理

再婚夫妻都容易犯的一个毛病，就是用原配偶的优点与现配偶的缺点相比较，家庭生活中事事挑剔，处处不满。存在着这样的心理去经营婚姻，必定会伤害到对方的感情。而且越是这样地比较，越是使自己对重建的家庭失望，最终，导致婚姻的再度破裂。

有的人会对自己的新配偶有很高的期望，指望对方了解自己的一切像原配一样或期望现在的爱人会比原来的更好。可是事实上，大多数人是无法达到的。所以，一般情况下，期望值越高，失望就会越大。

2. 自卑心理

有的人对再婚存在着自卑心理，他们认为自己既然是再婚，就没有理由挑挑拣拣，找一个差不多的就可以，甚至是只要对方不嫌弃自己就可以了。这样开始的婚姻，既是对自己的不负责任，也是对对方的不负责任，而且彼此感情基础薄弱，也很容易就会遭遇又一次的婚姻失败。

3. 嫉妒心理

许多再婚者常嫉妒或计较对方的前婚生活，不时地揭其隐私，捅其伤疤，亵渎对方的人格，挫伤对方的自尊心，时间长了，肯定会影响到双方的感情。因此，再婚夫妻必须防范嫉妒心理，特别是性爱型嫉妒。重视对方的心理贞操，珍惜对方爱的感情，抚慰对方饱受创伤的心灵，才能使两颗心紧紧地结合在一起。

克服这些心理障碍，是再婚夫妻关系和谐的关键所在。有什么方法可以克服以上这些心理障碍呢？

1. 忘掉过去

将生活的重心和思想的重心都转移到新的婚姻生活中来。要对自己的心理进行调整。对再婚的内涵要有正确而深刻的理解，对再婚的目的也要有进一步的认识。再婚是开始一段新的婚姻生活，不能用这段婚姻去衡量上一段婚姻，当然也就不能拿原来的婚姻与现在的婚姻进行比较。正确认识自己和对方，互相理解和迁就，不要指望他或她会比你从前的爱人好很多。

2. 善待并宽容对方家人

孩子的问题也是无法回避的话题，在二次婚姻中孩子和家庭的新成员没有血缘关系，却有最直接的相处和最亲近的称谓，摩擦在所难免，要对方在爱自己的同时，也爱和自己没有一点血缘关系的孩子确实很难，所以，对方只要可以做到宽容善待就足够了，不要太苛刻。当然，自己也应该做到相同的宽容和善待。

再婚，就会将彼此融入新的两个家庭之中，有的双方家人亲友会戴着有色眼镜审视再婚者，这绝对是再婚家庭建立和谐关系的绊脚石。就这一点，再婚的双方都要有足够的心理准备。同时，家人也需要明白，他们组建这个家庭，已经面对很大压力，作为家人应该给予一定的支持，少作新旧比较。

3. 理解对方

再婚前若是丧偶而造成家庭的破损，而原来夫妻间的感情又比较深厚，那么，丧偶后的感情波动就会延续一段时间。爱情应该是专一的，但专一的爱情，并不排斥已经逝去的爱情。在心理上，失去的婚姻可能留下爱的余波。有些丈夫或妻子看到爱人有触景生情，怀念前人的情况，就认为在爱人的心目中，自己的地位还不及以前的配偶，由此对爱人心存不悦。这种做法并不妥当，结果往往适得其反。诚然，对另一方来说，对原先爱人的感情流露，也要注意一个方式、方法的问题，因为毕竟你已组成了新的家庭，否则，也容易引起对方不必要的误解。

虽然是再婚，但是，仍然可以将内心的爱倾注于对方，问心无愧地高度评价自己的爱情，理直气壮地歌颂自己的婚姻和爱情，这才是正确的再婚态度和心理。只要夫妻双方切实按照"长相知，不相疑"的原则来协调彼此的关系，那么，尽管是再婚，也能拥有"和谐如琴瑟"的融洽婚姻关系。

商人常被认为性情奸诈，有"无奸不商"之说；教授常常被认为是白发苍苍、文质彬彬的老人；江南一代的人往往被认为是聪明伶俐、随机应变的；北方人则被认为是性情豪爽、胆大正直的……

我们在认识和判断他人时，并不是把个体作孤立的对象来认识，而总是把他看成是某一类人中的一员，使得他既有个性又有共性，很容易认为他具有某一类所有的品质。因而当我们把人笼统地划为固定、概括的类型来加以认识时，刻板印象就形成了，这种现象就称为刻板效应。

它的积极作用在于简化了人的认识过程。当我们知道他人的一些信息时，常根据该人所属的人群特征来推测他的其他特征。这样虽然不能形成一个正确印象，但是，在一定程度上，可以帮助我们简化对人的认识过程。刻板效应也会带来负面影响，比如种族偏见、民族偏见、性别偏见等等。它常使人以点代面，凝固地看人，容易产生判断上的偏差和认识上的错觉。

心理缺失引发"老少配"

当今社会"老少配"发生并成功的比例越来越高。当爱情已经跨越了种族、性别和宗教的界限，年龄是不是也是一个应该被解放的因素？有心理学家说，男大女小年龄悬殊的婚姻满足了女人内心隐藏的"恋父情结"，而男人也因此获得了照顾女人、证明男性价值感的机会。

有一份心理学上的报告指出，夫妻年龄差距在九岁以上的婚姻，幸福成功的几率较一般婚姻来得低。也就是说，过大的年龄差距，可能

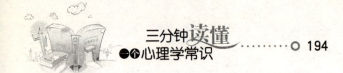

会加大两个人和幸福之间的距离。但是，从心理上看，同年龄的男女之间，女人的心理成熟度普遍要比男人高。同时，男女在社会成熟度上也存在差别。因此，年龄大一点儿的男人基本上已经完成了生理和社会成熟度的建设，更能给女人带来身心双方面的幸福。这些都给男大女小"老少配"提供了前提和基础。

某男在47岁离婚，一年后娶了一位年仅23岁的女孩，他的理由是："她对什么事都像小孩般的好奇，和她在一起，我又开始泡吧、蹦迪，也学骑马，仿佛年轻了20岁。"而对于这个年轻女孩而言，与年长的丈夫在一起，生活上更安定，也能得到从同龄男孩那里得不到的体贴。更重要的是，年长的丈夫懂得包容，这对女孩来说是一种很诱人的魅力。

许多三四十岁才考虑结婚的男人，二十多岁的女孩仍是他们心目中的首选，因为年轻就意味着"未经沧桑的美丽"，同时，也意味着"较佳的生育能力"。某男士如是说："未变形的女性曲线让人着迷，找不到毛细孔和皱纹的肌肤使人心旷神怡。"

老夫少妻在中国历史上是一个传统。但夫妻双方年龄相差悬殊的"祖孙恋"，却远不是"老夫少妻"的概念，它是一种近似极端的婚恋观念和行为，其心理学的基础是挥之不去的"恋父情结"。

有的女孩小时候缺乏父爱，这种过度"饥渴"会使她们记忆深刻，结果使她们在潜意识里不自觉地会从年龄差别较大的男人身上寻找父爱的感觉，期望能够在他们身上体验到父亲般的精心呵护。还有的女孩从小崇拜父亲，觉得父亲非常完美，这使得她们成年后按照父亲的标准来寻找伴侣。

"老少配"是否幸福，因人而异。不同的成长背景，不同的阅历，会使两个人的思维和交流存在很大的差异，但是，这并不是决定幸福与否的根本原因。有人说，老少配夫妻是青春与成熟的结合，是一种双赢的局面。此时，男人完成了他生理、心理、社会三方面的成熟，更懂得照顾女人的心理需要，也更有让女人迷恋的社会资源和背景。而女人天生就有或轻或重的"恋父情结"，这种心理导致女人希望寻找父亲般的配偶，比她大的男人刚好可以给她稳定的安全感。女人在男人的照顾与扶持下慢慢成熟；男人通过安抚小妻子，加强并巩固了自信，在获得属于男性的那份掌控感的同时，焕发了又一个青春。

人们对"老少配"持有不同看法，大多数人认为夫妻间的年龄相差较大，容易产生代沟，可事实上，幸福的婚姻不是以年龄为准绳的，幸福婚姻的重要因素有很多，比如良好的沟通，彼此的信任、尊重、理解和宽容，而这些都和年龄无关。

有人说，"老少配"与名利有关。年轻女孩嫁给老男人，绝大多数是为了名和利，这就是为什么"老少配"中那一"老"始终是有钱有名的成功男人。爱情是没有杂念的，而"老少配"虽然有些也能持久，但大部分人有着个人的目的，或为金钱，或为名利，或为虚荣，或为报答，或为某一次感动。而且随着时间的流逝，夫妻之间的性生活也肯定是不和谐的。总之，不纯粹的爱情所产生的婚姻是不幸福的。

有人认为，"老少配"破坏了自然传统和社会和谐。如果每个优势老男人都跨代来"霸占"年轻女人，这对男女比例本来就日益失调的社会将会造成难以预料的恶果。做种做法会极大地破坏本已经风雨飘摇的传统婚姻伦理道德，会对青年人产生不可低估的负面影响。

从心理根源上分析，"老少配"主要是小时候的心理缺失造成的。有这种心理的人，应该重新定位自己。要看清自己是爱，还是对自己心理缺失的一种补偿。同时，可以多阅读一些心理方面的书籍。阅读可以增长知识，知识可以改变认识。多看些心理学方面的书籍，可以提高人的自我觉醒意识，让自己对"老少配"有一个重新的心理认识。

第七章 婚恋心理学

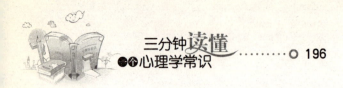

心理常识：得寸进尺效应

美国社会心理学家弗里得曼做了一个有趣的实验：他让助手去访问一些家庭主妇，请求被访问者答应将一个小招牌挂在窗户上，她们答应了。过了半个月，实验者再次登门，要求将一个大招牌放在庭院内，这个牌子不仅大，而且很不美观。同时，实验者也向以前没有放过小招牌的家庭主妇提出同样的要求。结果前者有55%的人同意，而后者只有不到17%的人同意，前者比后者高3倍。后来人们把这种心理现象称为"得寸进尺效应"。

心理学认为，人的每个意志行动都有行动的最初目标，在许多场合下，由于人的动机是复杂的，人常常面临各种不同目标的比较、权衡和选择，在相同情况下，那些简单容易的目标容易让人接受。另外，人们总愿意把自己调整成前后一贯、首尾一致的形象，即使别人的要求有些过分，但为了维护印象的一贯性，人们也会继续下去。

美丽的谎言："试婚"

不存在法律承认的婚姻关系的男女双方，为了验证彼此婚姻关系的可能性，尝试在一起共同生活，称为"试婚"。"试婚"是一种类似婚姻的生活状态，是未婚男女，包括已婚离异者，按照婚姻的模式进行的一种试验。

"试婚"作为一种心理现象和社会现象，正逐渐为人们所认识，少数人已经开始接受它。在现代家庭中，男女双方在性格、心理、文化、道德、情趣等多方面的协调是婚姻存亡的决定因素，而这些在大多数恋人们看来是很难通过恋爱期的交往做出判断的。所以，很多人认为在正式建立家庭之前进行"试婚"很有必要。

他们认为，两个人一起生活，才能相互细致全面地了解对方，看到最真实的彼此。"试婚"可以全面了解伴侣的人品、行为方式及生活习惯。经过"试婚"，往往对方真实的一面会与恋爱时留下的印象形成落差，这就需要双方都调整自己，修正自己对对方过于完美的印象，重新接纳完整的、真实的对方。如果双方不能随时调整自己，抱着自省和宽容对方的态度去磨合，就可能导致越来越多的矛盾，感情越来越淡薄。

性格外向、聪颖秀丽、快乐活泼的灿灿，最近一段时间像换了一个人似的，变得心情忧郁，神志恍惚，经常一人独处。原来是草率试婚造成的后患。早在一年前，她就与男友开始"试婚"了，当时协议试婚后今年"五一"结婚。不料"试婚"后，男友觉得不合适变了卦，不想结婚了。

盲目而大胆的"试婚"往往会造成双方，尤其是女方极大的身心伤害。婚姻是一件大事，切不可以随意拿来试。没有法律保护的婚姻注定没有安全感可言。

生理需要观点认为，性行为是人的一种本能行为，体内性激素的水平决定人的性需求。试婚的男女，大都处于生理成熟期，性是人的自然属性，但盲目试婚，缺乏责任感，只会导致性放纵和性泛滥，违背人的社会属性。生理心理学认为，性生活是婚姻中一个重要的篇章，和谐的性生活与和谐的婚姻生活是相辅相成的。对于绝大部分人来说，两性生活和谐与否确实会影响男女之间的关系。但是，"试婚"会给那些道德观念差的男性制造玩弄女性的借口。而就"试婚"中的女性而言，当她们投入全部身心经营一段时日不短的恋情，最后以"不合适"为由而分手时，她们损失掉的绝不仅仅是宝贵的青春时光。当然，也有少数女性把"试婚"当做贪图享受、获取经济利益的重要手段，一旦男方无法满足自己，就对不起"拜拜"，使男方落得人财两空。

"试婚"在当今社会的流行有众多的社会原因和具体的个体动机，

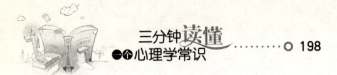

它可能与当前社会中高离婚率、婚外情、单身贵族相关。但是，对婚姻缺乏信心是主要原因。在不确定的年代要谈不确定的爱情，现代人似乎认为两个相爱的人贸然结婚是幼稚的行为。对于婚姻，"还没有准备好"是时下年轻人挂在嘴边的一句话，可见"试婚"和结婚之间，所差的并不只是薄薄的结婚证书，而是更多的承诺、责任、期望及要求。

经历过"试婚"的小丽谈起其感受时说："苦辣酸甜，一言难尽。"她说，两个人以夫妻的名义住在一起，有简单快乐的时候，但毕竟不是正式的合法夫妻，心里难免有所防范，担心万一分手后自己吃亏，不可能像正式夫妻那样彼此放心而且有长久打算。

人们之所以要"试婚"，就是为了发现共同生活会不会出现不和谐的地方。抱着这样的心理，目光肯定会紧盯不和谐的地方，并把它无限放大。所以，越是"试婚"，结婚的可能性就越小。这也是相关方面的调查得出的结论。

对于婚姻，曾有过一个绝妙的比喻：婚姻好比鞋子，舒服不舒服只有脚知道。这是否意味着婚姻也应该像买鞋一样，先试试才能保证婚姻的长久和谐？事实上，"试婚"并不能解决婚姻磨合期的所有问题，企图通过婚前一个时期的"准夫妻"生活来试出今后能否共同生活的结果未免过于天真。真正的婚姻需要夫妻双方一起经历生育、教养孩子、孝敬老人、应对处理好各方人际关系等诸多考验。因此，如果一个人没有足够的心理承受力来接纳"试而不婚"这样一个无言的结局，这婚还是不试为好。

心理常识：监狱角色模拟实验

心理学家津巴多设计了一个模拟监狱的实验，参加者是男性志愿者。他们中的一半随机指派为"看守"，另一半指派为"犯人"，所有的参加者包括实验者，仅花了一天的时间就完全进入了实验。看守们开始变得十分粗鲁，充满敌意，他们还想出多种对付犯人的酷刑和体罚方法。犯人们有的变得无动于衷，有的开始了积极的反抗。

在这个实验里"现实和错觉之间产生了混淆，角色扮演与自我认同也产生了混淆"。尽管实验原先设计要进行两周，但它不得不提前停止，因为大多数人真的变成了"犯人"和"看守"，不再能够清楚地区分角色扮演，还是真正的自我。

这个颇受争议的模拟实验表明，一个简单假设的角色可以很快进入个人的社会现实中，他们从中获得自我认同，无法从他们扮演的角色中清楚自己的真实身份。

快乐心理学

——心快乐，人快活

追求快乐之道，有一个大前提：那就是要了解快乐不是唾手可得的。它既非一份礼物，也不是一项权利。我们得主动寻觅、努力追求，才能得到。当你领悟出自己不能呆坐在那儿等候快乐降临的时候，你就已经在追求快乐的路途上跨出了一大步。

幽默是快乐的催化剂

幽默是在善意的微笑下，通过影射、讽喻、双关等手法揭露怪诞和不通情达理之处，它是健康的品质之一，是一种愉悦的情绪表现。大多数人都喜欢和幽默风趣的人在一起，那是因为他们善于制造欢乐，人们可以从他们的一句话、一个动作、一个表情，甚至一丝细微的眼神中，感受到欢乐无处不在。

现代心理学家认为：幽默不但能调节和保持心理健康，还可起到延年益寿和抗衰老的作用。究其原因，幽默能使紧张的心理得到放松，被压抑的情绪得到释放，也能缓和气氛，减轻焦虑和忧愁，避免过强的刺激，使人摆脱窘困场面，从而起到心理保健的作用。

随着心理医学理论和临床实验的不断深入，美国越来越多的心理学家认为，幽默是给自己的心理减压的重要方法。他们认为，幽默是人类特有的、即使在严酷的生存环境下仍然能享受愉悦的品质。如果能将幽默作为一种重要的辅助治疗手段，病人的身心健康能得到明显的改善。

俄国文学家契诃夫说过："不懂得开玩笑的人，是没有希望的。"幽默是一种特殊的情绪表现，是一种高层次的精神享受。它是人们适应环境的工具，是人类面临困境时，减轻精神和心理压力的方法之一。要想让生活的轮子更平稳地往前滑动，就要经常给轮子上点幽默的润滑油。

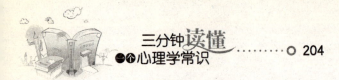
　　幽默较之于笑话的高明之处在于意味深长。幽默是一种含蓄，一种稳重，幽默需要高品位的修养。幽默像一首耐人寻味的诗，它蕴含着无限的联想，能给人留下美好的记忆。幽默的年轻人活泼可爱，幽默的老年人健康长寿。

　　幽默常会给人带来欢乐，其特点主要表现为机智、自嘲、调侃、风趣等。幽默是使我们终身受益的无价之宝。学会幽默，我们便赢得了受他人喜爱的人生资本，从而获得更多的支持和理解。幽默不仅可以使我们与周遭世界和谐相处，更重要的是能够使我们拥有一个快乐的人生。

　　幽默是快乐的催化剂，是化解敌意的良药，是人生的调味佳品，是智慧的聚宝盆，它在玩笑背后隐藏了对事物的严肃态度。它往往是恰到好处的，不会让人觉得是被嘲笑讽刺，也不会让人觉得它只是一些无关紧要的插科打诨，不具有任何意义。

　　遇到一些小事情不值得和别人大吵大闹，但也不应该默默忍受，因为长期忍耐只能让人觉得你好欺负。而试着用幽默来化解尴尬，并给对方适当的警示，就再恰当不过了。让彼此在一笑而过以后又能认真思考和注意，岂不是两全其美？

　　如果你不是能随时随地展示出幽默的人，不如大量地看漫画和笑话，从中体味幽默的感觉。久而久之，便会自己制造幽默，即使不能，至少也可以自如运用看来的笑话。借着从他人那里产生并传来的幽默力量，我们可以来表现自己、了解自己，并不断改进和完善自己。

　　掌握幽默的基本技巧。一是必要时先"幽自己一默"，即自嘲，开自己的玩笑；二是发挥想象力，把两个不同事物或想法连贯起来，以产生意想不到的效果；三是提高语言表达能力，注重与形体语言的搭配和组合。

　　幽默是一种人生态度，更是一种生存技巧，培养自己幽默的性情，能使人放松心情，减轻压力，提高愉悦性。如果你是一个幽默的人，并能使身边的人感受到你的幽默轻松，那么你将在人际交往中备受欢迎。

一般来说，幽默是一个美学范畴，它的主要表现形式是一种轻松欢快而又有严肃内容和深刻意义的笑。但在心理学中"幽默效应"却是一种防御机制。它指一个人处于困难和尴尬境地时，采用一些诙谐手法，以自我解脱，渡过难关，达到心理安宁。

幽默要具备深刻的洞察力，敏锐地捕捉事物的本质，用恰当的比喻或夸张诙谐风趣的语言，使人们产生轻松愉快的感受。所以，我们要不断提高自己观察事物的能力，锻炼培养生活机智，增强幽默效果。幽默是一个人知识底蕴和智慧修养的反映，我们平时要加强多种知识的涉猎，强化演讲知识修养和技能的训练，才能在运用过程中信手拈来，运用自如。

内心坦然平和，身心才能健康快乐

常言道："身体是革命的本钱。"日常的工作、学习和生活都离不开健康的身体。然而，没有健康的心态，便谈不上健康的身体。

常常有人感到精力不足，适应能力下降，疲劳、乏力、头痛、头晕、腰背酸痛等，以为是生病了。可去医院检查，却没有发现任何明显的器质性病变。这很可能是人体受到内外因素的超负荷作用导致心理失调引起的。

心理因素同疾病与健康密不可分。知名的生物学家巴甫洛夫通过大量的科学研究，认为不良的心理会影响身体各部分的生理机能，从而导致许多严重的疾病。现代医学也认为，一切对人体健康不利的因素中，危害最大的是恶劣的心理状态。健身之本，心为先。只有内心平和坦然

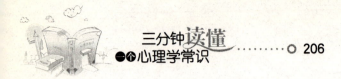

了，万事才能看得开，想得通，身心才能健康。

人生茫茫，做自己喜欢的，努力了就不用后悔，内心坦然地接受人生路上的坎坎坷坷，才会开心快乐。

内心平和坦然是人生和事业成功的最重要的元素之一。人的一生总免不了会遇到些磕磕绊绊，碰到不尽如人意的事。只要我们能时刻拥有一颗坦然的心，无论何事都能轻松化解。用坦然平和的心态来面对世间万物，或许你会发现，原本不美好的事物瞬间变得美丽动人起来，心情也会随之焕然一新。请记住，快乐是由心决定的。

一位老人某日乘公交车，他就站在"老弱病残"专座旁，可霸占座位的小青年却熟视无睹，就是不肯让座。这让老人感到不快和愤慨。回家之后，老伴在一旁开导："人家不肯让座，不就说明你还不老么，身体硬朗着呢！"这样一来，老人心中的郁闷迎刃而解，心情也变得愉悦起来。

拥有一颗坦然的心，凡事都看开了，还有什么困苦，还有什么伤神，还有什么伤心的呢？痛苦地过是一天，开开心心地过也是一天，那我们为什么不选择快快乐乐地过这一天呢？

从懂事起，王东就能感受到"成就"的压力，并且这种压力随着年龄的增长愈来愈强烈。因此，他处处想表现优异，以为自己非得十全十美，别人才会接纳自己、喜欢自己。工作中一次偶然的失利使他发觉自己很多地方都不如别人，于是他开始伤心、难过，甚至还有自卑的感觉。走出那种阴霾之后，王东回忆说："那段日子毫无快乐可言。"

其实，做人不应该攀比，也没必要羡慕别人，否则心理上会不平衡，会活得很累。一个人只要有一颗平和坦然的心，即使在某些方面不如别人，也依然会快乐、满足。

有的人总是太在意一些本应无所谓的小事，甚至因此而弄得自己失落、怅惘，或是感伤，内心就是快乐不起来。这种现象虽然近乎幼稚可笑，但仍然屡见不鲜。

当有怒气时，应当避免一些不当的情绪宣泄。不要把怒气憋在心里，自己生闷气；不要把怒气发到别人身上，影响彼此的感情；不要把怒气发到自己身上，那是虐待自己；也不要大叫、大闹、摔东西，以很强烈的方式发泄怒气，这非但解决不了问题，反而会使问题进一步激化，给自己和他人带来更大的烦恼。

在遇到情绪困扰时，找自己信任的老师、同学、亲朋好友倾诉，是释放积郁不良激动情绪的好方法。这样，不但使不良情绪得到发泄，而且在诉说的过程中，可以得到更多的情感支持和理解，并能获得认识问题和解决问题的新启示。

除了倾诉之外，我们还可以拿出纸和笔，把内心的烦恼无论对错都毫无保留地写下来，再逐条进行评判，看看值不值得自己伤心。这时，你会发现很多事是不值一提的。那么，笑一笑把它撕掉，让所有的烦恼不快都随风而去。你也可以有感赋诗，用诗歌抒发内心的情怀。人在书写的过程中，全身心投入其中，激动的情绪能够得到平静，从而能够注意到生活中其他的快乐。

内心坦然平和并不代表因此就可以不立志，不坚持，不学习，甚至与世无争。而是希望人能够在这个竞争激烈的社会，学会正视所面临的压力，正确处理生活中的酸甜苦辣，学会以一颗平和的心来应对生活。这样我们才能变得更坚强、更自信，才会享受人生的乐趣。拥有一颗平和坦然的心是人生路上一笔宝贵的财富。

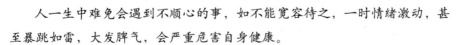

心理常识：生气实验

人一生中难免会遇到不顺心的事，如不能宽容待之，一时情绪激动，甚至暴跳如雷，大发脾气，会严重危害自身健康。

美国一些心理学家做了一项实验，他们把生气人的血液中含的物质注射在小老鼠身上，以观察其反应。初期这些小鼠表现呆滞，胃口尽失，整天不

第八章　快乐心理学

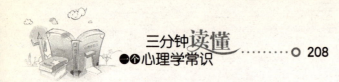
思饮食，数天后，小老鼠就默默地死去了。美国生理学家爱尔马不久前也做过实验，他收集了人们在不同情况下的"气水"，即把有悲痛、悔恨、生气和心平气和时呼出的"气水"做对比实验。结果又一次证实，生气对人体危害极大。所以，为了我们自身的健康，学会克制、幽默、宽容等消气艺术是很有必要的。

心知足，人常乐

人一生追求的最终目标是什么？有的人说，人生就是追求自由和快乐。或许，有些人认为这个追求不够崇高，可我们却无法否认，人对快乐的渴望与追求。每个人的内心都是渴望快乐的，没有人希望自己生活在叹息和泪水中。那么，什么是快乐？

对于这个问题，也许大多数人都不会给出很乐观的答复。在当今社会中，大多数人已经逐渐把拥有物质的多少、外表形象的好坏看得十分重要。很多人都希望用金钱、精力和时间换取一种有目共睹的优越生活。因此，他们总是为了拥有一幢豪华别墅、一辆小汽车而加班加点地拼命工作；或者是为了一次小小的提升而默默忍受领导苛刻的指责，一年到头赔尽笑脸；或者为了无休无止的各种约会精心装扮，强颜欢笑……然而，很多时候，一个愿望实现了，另一种愿望又会随之滋生出来。永不满足会使内心愈来愈疲累，在没有止境的追求中心会一天天地枯萎。其实，快乐是一种内心的感觉，古人告诉我们："知足常乐。"

知足常乐从心理角度、道德水准探讨人们对生活方式及生活水准所持的态度，本意是指人们丰衣足食、住行有靠，所供基本上能够满足所需，生活上无忧无虑，物质上得到满足所体现的一种充实的精神状态。它告诉我们：人不贪婪，珍惜和热爱现有生活，就可以使内心保持愉快，就能拥有健康的身体。同时，由于不贪婪，不奢求，品德自然高尚，因此可以避免许多不必要的麻烦，人自然会开心快乐。

知足常乐是一种心理的调度和满足，更是一种心理的安慰和平衡。从心理学角度讲，一个人对自己的能力有正确的评价，再有一个切合实际的目标牵引，换句话说，也就是自我心理定位正确，然后再一步一个脚印地走下去，取得成功，获得快乐，并不是特别困难的事。而且由于心理定位正确，对前进道路上的暂时的挫折有心理准备，能够接纳现实与失败，并不断地调试自己的心理，既有利于身心健康，也有助于事业的发展。

有这样一幅画，画面上前面有一个英俊少年骑着一匹骏马，隔几步是一个小商贩骑着一头驴正往后看，再后面是一个艰难推着一车石头吃力地往前走的人。在画的旁边有这样几行字：世人纷纷说不齐，他骑骏马我骑驴；回头看到推车汉，比上不足下有余。

现在有很多烦恼就是因为不知足而造成的。人们如果能像那几句诗说的那样知足，心中也便没有什么烦心事了。

人生的许多沮丧都是由于想要的东西太多，可又得不到而导致的。其实，人就是有金山银海，也只能是一日三餐；人就是有高楼大厦，晚上也只能是睡床一张。人最大的弱点和悲哀就是贪婪。贪财，为了获得更多的金钱而不择手段，贪污受贿、抢劫盗窃、偷税漏税、坑蒙拐骗，结果是轻者入狱坐牢，重者丢了性命。

其实，人人都有欲望，都有追求，都希望丰衣足食，都想过美满幸福的生活，这是人之常情，也是人类社会不断进步的力量源泉，是人奋斗的精神支柱和不竭动力。人有欲望并不可怕，关键是要有个度，如果欲望过度，变成无止境的贪婪，那就会成为欲望的奴隶，就会引导自己走向深渊。

知足才能珍惜现在拥有的，知足才能有抑制欲望的理智，知足才能

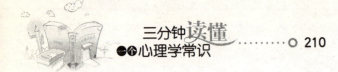
有愉快的心情。我们不能为了不切实际的欲望而给自己增添不必要的精神压力，更不能为了刻意想得到某些东西而在无奈中透支自己的体力、精力。快乐是什么？是一种美好的感受，是一种愉悦的心情。有一个有意思的公式：幸福=效用/欲望。由此可以看出，效用越大越幸福，欲望越小越幸福。欲望是一种心理现象，带有主观性，人一旦有了知足心理，便不会有所谓的欲望膨胀了，生活自然能够轻松快乐许多。

山区农户房屋破旧，家中没有一件像样的家具，没有一件高档的家用电器，只有一两件衣物和能够充饥的口粮。虽然每天都在辛苦劳作，但一家老小其乐融融，快乐就挂在脸上。城市街巷擦皮鞋、贩果蔬的农民工每天都在为生存而奔波劳碌，只要能找两个小钱，偶有小酒小菜下肚，小两口也能快乐无比。

知足常乐并不等于不思进取。知足常乐是说要以正确平和的心态对待宠辱得失。一个人如果对自己要求过高，总不知足，当然很难快乐。人在很多时候都需要自然激励，及时肯定自己能给我们带来自我满足感，而必要的自我满足则是进一步发展和当下保持快乐的基础。

心理常识：手表效应

手表效应 大家都有这种体会：一个人如果只有一只手表，他知道现在几点了；如果有两只手表，他往往不知道现在几点了。也就是说，他无法知道哪一只手表更为精确，于是他也就无法确定精确的时间。这就是"手表效应"的原意。

同时拥有两只表时却无法确定时间，反而会让看表的人失去对准确时间的信心。你要做的就是选择其中较信赖的一只，尽力校准它，并以此作为你的标准，听从它的指引行事。记住：一个人如果知道知足，那么，他是幸运的。

用心享受家庭之乐

你工作得快乐吗？一个关于心理研究的网站对万名职场人士的调查显示，近九成职场人表示自己不快乐。而在众多使人快乐的因素中，家庭和睦占首位。

有位成功人士说，从幼小的时候起，就有这样一个强烈的感觉：家是一盏灯。每当夜幕笼罩，那亮起灯的地方便是家，不论昏暗，还是明亮，都能给人以温暖幸福的感觉。

家之于人，犹如灯之于夜，人没有家，就像夜里没有灯。白天，有阳光的照耀，有光明，有温暖，人们可以无忧无虑地走南闯北。到了夜晚，黑暗同清冷一同袭来，人便无助，心便凄惶。灯若是在这个时候出现，划破黑暗，把光明和温暖送到眼前，它虽然微弱，却因其珍贵而犹如饥中餐、雪中炭，给人以继续前行的勇气和力量，给人带来由衷的快乐。

一位在外工作，很少回家的女性说："我爱我的家，爱疼我的爸爸妈妈，爱我们家可爱的小公主。虽然家里不是很富裕，但是，感觉很温馨。虽然会经常有争吵，但是依然很幸福！在外工作的这些年，经常会感到孤单、失落，甚至于无助，但是，想想自己的家，想想爱我的家人，内心就会坚强无比。"

一项心理学调查表明：许多人认为因为有家的存在，生命才有意

211

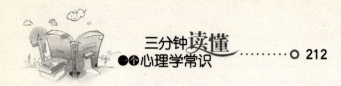
义。在家中没有高低贵贱之分，走进家门就不必再担心外面的凄风冷雨，不必再刻意地为漂泊的无助粉饰，因为这里是自己的港湾，是快乐和幸福的源泉。快乐是人类社会众望所归的最高境界，珍惜家人，用心享受家庭之乐，是每一个人最惬意的事。

家是不必担心受讥笑的地方，即使犯了错，在这里也可以得到宽容、安慰和帮助。对大人来说是这样，对孩子来说就更是如此。在家中孩子可以得到来自父母的关爱、鼓励和支持，从而能够健康快乐地成长。一个上初中的男孩说："家是我的后盾。妈妈对我说，不管我做了什么蠢事，她都会一直爱我。仅这一点就让我感到非常快乐、幸福。"

有一些孩子在学校里因为羞怯而不愿意表现自己，但是，回到家中却可以在爸爸妈妈面前充分地展现自己。小雅在学校很"乖"，她从不当众表现自己，也从来不做令老师和同学反感的事情，遇到什么集体活动她总是默默地坐在一边当观众。可是在家里她却是最活跃的成员。一家人吃完晚饭，她会开"个人演唱会"，穿上妈妈的高跟鞋跳一跳自己编的舞蹈，披着床单走几步模特步，常逗得爸爸妈妈哈哈大笑。许多孩子表示，只有在家里，他们才敢放开自己，无拘无束；而在外面，就总是担心自己做得不够好，让别人笑话。在家里即便有人笑话，也是可以坦然接受的。因为家是他们最放松的地方，所以，他们才敢"放肆"。这也就充分说明了家是放松身心的地方，是心灵的归宿。

有爱的地方便是家。家，不需要太大的地方，也不需要有太华丽的装修，只要能避风遮雨，有温暖，有关心，有呵护就足够了。有爱才是幸福的，有家，家里有爱我们的亲人，他们牵挂我们，无时无刻不在想念我们，这种亲情的幸福和快乐是无法比拟的。

有人说："有一个美满的家庭的人是最幸福和快乐的人。"家庭是生活的起点，也是事业的动力之源。古人说：齐家，治国，平天下。如果说一个人获得事业成功享受快乐的话，那么，家庭无疑就是这种快乐的源头。

在家中，我们可以高谈阔论，自由地思考，不用担心被拒绝后会颜面无存。甚至，很多时候在家中被人糗也是快乐的。在家里听爸爸那难听的歌声，妈妈那无休止的唠叨，有时候也会偷偷发笑，并从内心感觉到那是很快乐、很温馨的事情。

有些人总觉得享受快乐是件非常奢侈的事情，需要花费很多金钱。其实，享受快乐连一分钱也不需要花，相反，许多美好的东西花再多的钱也买不到。试想，与自己的家人看一场电影，流连于海堤和河岸，徒步游览家乡的山川，与家人享受亲密的时光，用自己的双手为爱人做一盘小菜，这些需要很多钱吗？当然不需要。这些需要的只是家人能和和美美、亲亲密密地在一起共同度过而已。

幸福和快乐就是这么细碎而不起眼，所以，不要忘记，在你快乐时把你的快乐告诉你的家人，让大家都为你的快乐而快乐，让你的快乐营造愉悦的氛围，让家里充满欢快的笑声。

！心理常识：血缘效应

血缘关系是由婚姻或生育而产生的人际关系。如父母与子女的关系，兄弟姐妹关系，以及由此而派生的其他亲属关系。它是人先天的与生俱来的关系，在人类社会产生之初就已存在，是最早形成的一种社会关系。

血缘效应是指在人际关系中，由血缘的凝聚力与综合力而引发的一系列的社会效应。血浓于水，血缘效应是一种生物本能。在所有社会心理效应中，除了有关两性关系的个别效应外，血缘效应是最原始、最低级、最本能的心理效应。

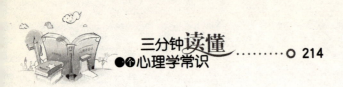

助人可以乐己

帮助别人是一件快乐的事情。人们在帮助别人的同时，也帮助了自己，或者说从心理上充实了自己，使自己也得到了快乐。助人是值得提倡的，乐于助人的人，通常心地善良，与人为善，他们在帮助别人脱困的同时，自己心中常充溢着欣慰、愉悦的感觉。心理研究也表明，无私的行为能够增加人们的快乐。

人是一种群居动物，具有社会属性，离不开相互交往。在交往中乐于助人，不仅"利他"，而且"利己"，这是一个共赢的过程。孤独往往是种种心理疾患的前奏。没有朋友，没有和谐的人际关系，人便会感到不适与苦恼。慢慢地，会对生存的意义感到迷惑。因此，人需要友情，需要被他人需要、接纳、尊重、关心和理解。不去帮助别人，内心没有被人需要的感觉，人很容易对自身存在的价值产生质疑。帮助他人是自我能力的一种体现。若你能帮助他人，不仅能给别人温暖，也会激起自己的力量，让自己体会到自我的价值，树立起对自我的信心。

有位年轻人生性孤僻，不愿与人接触。整天除了工作，他几乎不与人来往，对什么都漠不关心。有一天，楼下租户的孩子生了重病无钱医治，孩子日夜号哭。他偶尔推开窗户，看到孩子挂满泪痕的小脸，心生怜悯，于是借钱帮助孩子治病。随着孩子病情的日益好转，他的性情也渐渐好了起来，变得愿意与周围的人接触了。

使被帮助的人幸福快乐，这种施予能转化为一种内心的满足感和幸福感。生活中，人不应只是一个孤独的个体，融入生活既能更好地与人建立良好的关系，也有利于自我的调节，使自己获得快乐。

一位企业白领曾经这样说："我不知自己属于哪类人，只是从心里觉得愿意帮助别人，希望能为他人做点事，哪怕是替同事擦擦办公桌，把别人午餐用过的一次性饭盒扔到垃圾筒内，或利用休息时间给邻居的孩子补习一下功课。每做完这些事情，心里就感到充实快乐。"一个大型心理问卷的调查结果证明，经常帮助别人的人明显比不乐于助人的人快乐。

对于拥有大量财富的人，财富是一种压力，患得患失中很容易形成封闭的"守财意识"和悲观的"财富观"。吝于捐赠会使贫富间的价值冲突失去缓冲的余地，封闭的"守财意识"也会成为沉重的精神负担。热心于慈善捐赠则可以 "用财富良心抹平财富鸿沟"，可以说，乐于捐赠可以化解个人心理的焦虑和不平衡。热衷慈善捐赠可以让人在帮助他人中品味到高尚的快感，养成健康的财富观。

乐善好施的行为可能激发众人的感激、友爱之情，为善者因为赢得了人们对自己的好感与信任，从而内心获得温暖与满足感，这有利于自身的身心健康。有位心理学家曾说过这样的话："献爱心对自己也是有益的。它在于，献爱心的过程，实现的是自己对他人的帮助、对社会的责任。这种自豪的情绪，会给自己的心理带来良性刺激，从而产生欢快感。"

一个人对弱者或陷于困境的朋友伸出援手，他自己心中会涌起欣慰之感；一个人坚信自己于他人有助益，他便将更加积极向上。这"欣慰之感"和"积极向上"的精神，不只是自我完善的催化剂，更是身心健康的营养素。俗话所说的"情舒而病除"就是这个道理。

助人者在做好事后往往会感受到一种道义上的满足感。他们帮助别人的同时，提高了自身的修养；奉献物质的同时，得到了精神上的满足

215

和激励，体会到了人生的意义和价值。这会带来助人者心理上的欢愉、轻松和幸福感。

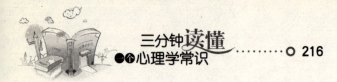

心理常识：链状效应

有一句话说"近朱者赤近墨者黑"，在心理学上这种现象被称为"链状效应"，它是指人在成长中的相互影响以及环境对人的影响。

古语中的"近朱者赤近墨者黑"，形象地说明了客观环境对人的影响是很大的，尤其对青少年影响更大，更深刻。因此，人们历来重视对所处环境的选择，主张"居必择乡，游必就士"。孟母三迁的故事就是一例。如果我们待人有礼，乐于助人，不但我们自己从中得到快乐，而且，人们在感觉到我们的友好的同时，都是愿意与我们成为朋友的，那么，我们的朋友也会越来越多，这就是一种链状效应。

感恩获得好心情

有的人活在这个世界上觉得是不快乐的，但是，面对生活，我们每一个人都应该努力地使自己更快乐，这就需要我们在生活中始终保持一颗感恩的心。心怀感恩，你会意外地发现：拥有一份好心情真的很简单。

"不快乐"是压在现代人心头的"病"，它像瘟疫一样蔓延在各个角落，影响着人们的心理健康。其实"不快乐"的原因极有可能源于我们始终没有找到一颗感恩的心。因为快乐其实始终潜藏在我们的身边，只不过没有感恩之心的人会对它始终视而不见而已。

感恩是什么？一般意义上的解释为"对别人的帮助给予感激"。推而广之，感恩是对外界施予自己的恩惠和自己给予自己的恩惠表示物质上或是精神上的感谢。感恩是一种责任意识，自立意识，自尊意识和健康心理的体现。

人的一生，离不开父母的养育、老师的教育、朋友的帮助、单位的知遇和社会的关爱。在人际交往中，"受人滴水之恩，当涌泉相报"，是一种典型的感恩心理，也是我们从小就接受的做人的道理。毋庸置疑，拥有这种感恩心理的人都是真诚善良、胸襟开阔、富有爱心、受人尊重、令人敬佩的，同时也是会享受生活，并能快乐生活的人。

人在遇到困难或身陷困境中时，接受了别人的帮助与恩惠，往往会心存感激，并时刻铭记在心。这种人会带着感恩的心理走进生活，融入社会，随时准备以爱心回报生活、回报社会。这种人在生活中是幸福的，也是快乐的。

生活给人带来挫折的同时，也会赐予人坚强的品质。当然，这还要看这个人有没有一颗包容的心，愿不愿意来接纳生活的这种恩赐。酸甜苦辣不是生活的追求，但一定是生活的全部。试着用一颗感恩的心来体会，我们会发现不一样的人生。不要因为冬天的寒冷而失去对春天的希望。我们需要感谢上苍，因为四季的轮回让我们饱览了许多不同的美丽风景。

生活的琐碎会在不经意间耗竭我们的热情，种种的烦恼也会在不经意间扼杀我们的快乐。在生活中计较太多，其实也会失去很多。因为计较得多了，心灵的负担就会加重，失望、生气、悲伤、愤怒等种种不良的心理情绪就会占据我们心灵的空间将快乐挤走，实在是得不偿失。

学会感恩，就不要计较你给了别人多少，而要记住别人给予你多少；不要记恨别人对你的诽谤与诋毁，要感恩于别人对你的关心与帮助。把微笑送给打击你最深的人，你会体验到更美更有意义的生活。

感恩是积极向上的思考和谦卑的态度，它是自发性的行为。当一个

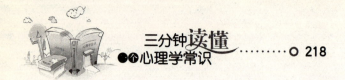
人懂得感恩时，便会将感恩化做一种充满爱意的行动，实践于生活中。一颗感恩的心，就是一个和平的种子，因为感恩不是简单的报恩，它是一种责任、自立、自尊和追求一种阳光人生的精神境界。

常怀感恩之心，我们便能够无时无刻地感受到家庭的幸福和生活的快乐。感恩是爱和善的基础，我们虽然不可能变成完人，但常怀着感恩的情怀，至少可以让自己活得更加美丽，更加充实和快乐。

一个懂得感恩的人内心是幸福和满足的。感恩的心扉如同原野上的满天星，在生活的底子上虔诚地绽放，美丽而夺目。敞开心胸豁达地想一想：没有悲苦，哪有快乐？没有琐碎，哪有轻松？没有分离，何来相遇？万事万物都是相辅相成的，明白了这些道理，便能真正体味个中的真谛。正是因为短促而不可知的生命旅途中有太多的烦闷与不平，所剩那少许的愉悦方显得弥足珍贵，并且才更要用心地经营，使它开出芬芳的花朵。因而，请记得要感恩地生活。怀一颗感恩的心，将会使我们看到生活中更多的美好，会使我们感受到更多的发自内心的快乐。

不要忽视每一道清晨的阳光，因为它带给我们每一天新的希望；不要忽视每一缕和煦的清风，因为它给我们带来了惬意的凉爽；不要忽视每一张对我们展开的笑颜，因为它让我们的心也因此变得更加敞亮。当我们的每一天乃至一生都在感恩的心情中度过，那还有什么苦恼不会变成幸福和快乐呢？

心理常识：莫扎特效应

1993年，加利福尼亚大学欧文分校的戈登·肖教授进行了一项实验。他们让大学生在听完莫扎特的《双钢琴奏鸣曲》后马上进行空间推理的测验，结果发现大学生们的空间推理能力发生了明显的提高。他们将这种现象称作"莫扎特效应"。

莫扎特效应启发人们从多个角度思考促进脑功能发展的途径和方法，并使人们日益认识到欣赏音乐等传统上被视为"休闲"的活动在脑的潜力开发中可能具有一定的价值。

在小事中寻找快乐

我们今天拥有比前人更丰富的物质享受，比如更精美细腻的食物、更高档的家居水平等等。然而反复和高频的高级享受的刺激，会提高人们对刺激感的需求，使人无法再享受小事或平常生活中的乐趣，从而形成越享受就越感觉不到享受的恶性循环。于是，很多人麻木了。难怪有不少人评论自己："我从来没有像今天这样富裕，然而却再也感觉不到从前贫穷的日子里那种从小事中得到快乐和满足的兴奋。"我们有1000条理由该高兴，然而却高兴不起来，这在心理学上称为"幸福的悖论"。

一个人收获快乐的多寡，除与外界因素有关外，还主要与自身的心理有关。人生许多烦恼都是自找的，有的人常常自我画地为牢，用过高的甚至贪婪的欲望追求来囚禁自我，自己将自己推入痛苦的沼泽，深陷其中而不能自拔。其实，每天都有许多快乐的小事能够让我们高兴，只要我们用心去感受。只要用心我们可以发现鸟语花香、美味的食物、淳厚的友谊和有意义的工作。人要经常想现在的快乐是很重要的，因为它可以作为缓冲保护我们不受悲伤的冲击，也可以直接影响我们的身心健康。试着并学会为小事高兴是一种健康的心理调节。

有一个心理实验，请受试者在六周内观察自己的心情，每个人身上都带着呼叫器，记录他们当时的感觉并评定当时有多快乐。结果很清楚：不起眼的"小快乐"累加起来的快乐程度要远远大于短暂的期望值很高的"大快乐"。一些很简单的小事，比如晴天去外面散步一小时、

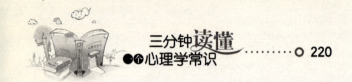

带小狗去户外遛遛或做手工艺品送给亲人朋友，这些加起来的快乐远远胜过"中大奖"之类的短暂的强烈的快乐。

心智是个奇怪的东西，会记得不寻常的事，却忽略一般的事情，例如去注意飞机失事，却不注意每天全世界有四千多次飞机安全起降。我们只记得生命中的大事，而这些大事通常是极端正面或负面的，所以当我们回顾一生，会误认为快乐是建筑在那些重大的事件上，而忽略了每天发生在我们生活中的小事。

只要能全力以赴，从每天一件小事中得到的快乐也是无穷的。比如，写了一篇日志一会儿就有人回了，就会感觉自己也是被人关注的，并因此而快乐；去开会拿到了一本集邮册，觉得没花钱却得到了一份很有价值的东西而快乐；为朋友的生日送上了一张生日卡，她发短信来告诉她很开心，同样我们也很开心；在赶公交车的时候，正好不用等车就来了，这难道不值得我们高兴吗？……过好每一天，每天都为一件小事而高兴、而快乐，那么，我们将一生都拥有充实快乐的生活。

有一天，小孟和一位朋友去逛超市，走过一个货架时，朋友看到有几包糖果掉地上了，他随即弯下腰，拾起那几包糖果，找到原来位置放回。

小孟笑着对朋友说："又不是你碰掉的，这么大一个超市都没人理会，怎么就你这么积极？"朋友笑了笑回答："你不觉得整齐的购物环境，会使大家都舒服一些吗？举手之劳，你我皆愉快，何乐而不为呢？如果我走过去不管，我会一直惦念着这里，想着是不是有人已经把它捡起来了。但是，我现在捡起来了，虽然这是一件小事，可我觉得我为这件小事感到快乐。"

有人把快乐比喻成幽灵，说它飘忽不定很难寻找。而事实上，快乐幽灵并不神秘稀缺，它们成群结队，无时无刻不在人间游荡，犹如雨后的阳光洒满大地。快乐需要我们去发掘，需要我们去寻找。只要我们擦亮双眼努力去寻找，快乐就总会出现在眼前。

有人说，类似于打扫卫生的家常小事就可以让人有小小的成就感，进而感受到快乐。快乐都是靠自己体验的，事情虽小，感触却可以很深。这样一来小事就不小了，就像水滴能汇聚成汪洋大海那样，点滴小事带来的快乐汇聚起来也能成为快乐的海洋，足够滋润我们向往快乐的心田。

如果一个人没有真正用心去发现快乐，那么他永远也找不到快乐的感觉。生活中的每件小事都有其独特的意义，它们都是寻找快乐的根源。只要细心去观察、去探索，你会惊奇地发现原来快乐一直都伴随着你。

心理常识：配套效应

18世纪，法国有个哲学家叫丹尼斯·狄德罗。一天，朋友送他一件质地精良、做工考究、图案高雅的酒红色睡袍，狄德罗非常喜欢。可他穿着华贵的睡袍在家里寻找感觉，总觉得家具风格不对，地毯的针脚也粗得吓人。于是为了与睡袍配套，旧的东西先后更新，书房终于跟上了睡袍的档次，可他却觉得很不舒服，因为"自己居然被一件睡袍胁迫了"。

两百年后，美国哈佛大学经济学家朱丽叶·施罗尔在《过度消费的美国人》一书中，把这种现象称作为"狄德罗效应"，也可称作为"配套效应"，也就是人们在拥有了一件新的物品后不断配置与其相适应的物品以达到心理上平衡的现象。

221

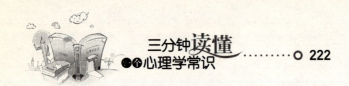

善待身边的人

歌德说："人不能孤立地生活，他需要社会。"善待他人能够为我们赢得良好的人际关系，这不仅能助人走向成功，而且能给人生带来无限快乐。心理学家也指出：善待身边的每一个人，你就能得到快乐。因为只有懂得善待别人的人才懂得享受别人带来的快乐。

善待我们身边每一个人，才能把我们的快乐播撒给更多的人。尽力去帮助那些比我们更弱小的人们，当他们走出苦难的时候，从他们的笑脸里，我们将会感受到无私付出的乐趣，感受到一种高境界的莫大的人生快意。赠人鲜花，手中留香；赠人美言，唇齿留香；赠人真情，心头留香；赠人快乐，生活处处都流香。

善待身边的人就要勇敢地充当爱的传递者，将爱心与恩惠广为传播。举手之劳的善举于人有利，于己无害，何乐而不为？在爱心与恩惠的传递过程中，人的道德品质、精神境界、人格魅力都会得到极大的升华与提高。

做人一定要与人为善，无论这个人与我们的工作和生活是否密切相关。人际关系是很奇妙的，在办公室里，仅仅一个桌子的距离，有时心与心好像相隔十万八千里，冷漠的人际关系让人很难露出笑脸，而有时一个微笑，一个手势，却可以默契到彼此心花怒放。这就是与人为善带来的快乐。

好心情可能不是人人都有，也不是时时都有，就好像好天气一样。但是，我们要相信，快乐是可以"传染"的。其实，快乐时时酝酿并盈漾在我们心中，只要你愿意，就可以把它传递给每一个人。

两人一起散步，其中一个人先后三次离开了伙伴：第一次是去帮一位拎着箱子的老太太过马路；第二次是给两个正哭泣的小孩子买了两个棒棒糖，让他们喜笑颜开；第三次是为一个人指路，并领着那个问路人走了一段路程。每次回来，他脸上都挂着微笑，这让与他一起散步的人也感到了快乐。与人为善，善待我们有幸碰到的每一个人是一件非常有意义的事。

善待身边的人，需要我们有一颗宽容的心。人难免有一时失误或因一念之差做错事的时候。你能善待他、宽容他，容许他改正错误，他就会心存感激，你也会因此而得到快乐。善待身边的人，就要关心他的需要，并尽量帮他得到满足。善待身边人，在精神上就要使之愉悦，杜绝使用冷暴力之类的心理惩罚。平时也应多用赞美、肯定之词，多发现对方的闪光点，并给予一定肯定。对身边的每一个人说一句祝福的话语，给一个微笑的眼神，都会为我们结识更多的朋友，为生活增添更多的快乐。

懂得生活的人，会因快乐而更加宽容，同时，也会因宽容而更加深刻地了解快乐。善待他人也是方便自己，拥有快乐、宽容心境的人能够用爱与理解调味生活、经营家庭、善待爱情、拥有友情，能够让自己保持最佳心态，平和、轻松、愉快地融入工作与生活。他们明白，善待自己和身边的每一个人，将是自己一生最幸福的事，因此，他们更能获得快乐的回报。

我们需要他人的关爱，他人也需要我们同样的关爱。人不能总想着自己，也要多想想别人，如果只想获取别人的爱，而自己从不付出，那么，身边的朋友就会离我们远去，久而久之自身就会陷入孤立被动的境地。我们应该学会善待别人，用理性、善意、爱心和责任去面对现实生活。只有善待他人，我们才能使自己融入人群，获得友谊，获得信任、谅解和支持，从而得到幸福和快乐。

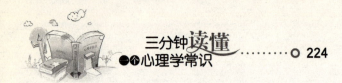

心理常识：多米诺效应

宋宣宗二年（公元1120年），民间出现了一种名叫"骨牌"的游戏。这种骨牌游戏在宋高宗时传入宫中，随后迅速在全国盛行。1849年8月16日，一位名叫多米诺的意大利传教士把这种骨牌带回了米兰。

多米诺为了让更多的人玩上骨牌，制作了大量的木制骨牌，并发明了各种的玩法。不久，木制骨牌就迅速地在意大利及整个欧洲传播，骨牌游戏成了欧洲人的一项高雅运动。后来，人们为了感谢多米诺给他们带来这么好的一项运动，就把这种骨牌游戏命名为"多米诺"。在一个相互联系的系统中，一个很小的初始能量就可能产生一连串的连锁反应，即牵一发而动全身，人们把这种现象称为"多米诺骨牌效应"或"多米诺效应"。

友谊带来快乐

人的一生，不可能没有友谊。友谊可以给人带来温暖，也可以给人带来鼓舞，更能给人带来快乐。

加利福尼亚大学心理系访问教授德保罗指出："友情对健康的影响，其实比伴侣或家人还要大。"他举例说，在3000名罹患乳癌的护士中，没有密友的病患的死亡率，比拥有10个或以上朋友的病患高出4倍，而有没有配偶则和病患的死亡率没有联系。

可见，友情不仅带来身心愉快，而且还可以让我们减少疾病从而延年益寿。这究竟是为什么呢？我们先从友情的定义来看一下。

友情一般是指人与人在长期交往中建立起来的一种特殊的情谊，互相拥有友情的人叫做"朋友"。真正的友情不依靠什么，不依靠事业、祸福和身份，不依靠经历、地位和处境。它在本质上拒绝功利，拒绝归属，拒绝契约。他是独立人格之间的互相呼应和确认，他使人们独而不孤，互相解读自己存在的意义。因此，所谓朋友，是使对方活得更加温暖、更加自在的那些人。友情因无所求而深刻，不管彼此是平衡还是不平衡。友情是精神上的寄托。有时他并不需要太多的言语，只需要一份默契。

一个人一辈子能拥有一个真正的朋友是一件很幸福的事，因此，古人有"人生得一知己足矣"的感叹。

有人说，朋友是一扇窗，打开这一扇窗，可以看到另一种美丽的风景。友情是一种最美丽沧桑的感情，有些困苦的日子与朋友住在一起、吃在一起，有了喜悦共同分享，有了灾难一起承担，大家像一家人一样相互守望，并且都努力让对方感到快乐，在这个过程中也使自己感到快乐，所以，有一个朋友是最值得庆贺的事情。

亲情，永远在我们身边的每一个角落，随时随地默默地关注着我们，那是我们幸福的源泉。爱情，给我们激情、自信和甜蜜，尽管偶尔，它会令我们受伤。也许有些情感，本身与爱无关，但当措手不及地失去时，一样令我们疼痛难当。只有多年打磨出来的友情，和风细雨，落地无声，得意失意，如影随形，荣辱不弃，历久弥坚。

友谊是必须双向选择的，人们需要相互了解才能达到最诚实的境界。你从高考成绩方面去选择朋友，显然是不够明智的。美国思想家爱默生说过："友谊既是快乐之源泉，又是健康之要素。"

朋友，必须相对于两个人而言，只有两个人心性相怡，彼此坦诚相待，才能互称朋友。朋友不受地位、年龄、性别、地域和民族的限制，但缺少了任何一方的真诚，便是自作多情的巴结，便是撂不开情面的敷

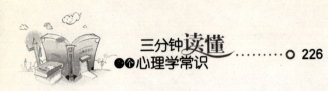
衍，抑或是表面朋友、酒肉朋友，甚至并不能称为朋友。

所谓"君子之交淡如水"，一个把名缰利锁看得太重的人，注定是不快乐的。有句话说："只有永恒的利益，没有永远的朋友。"对势利之人来说，却也贴切。但人生之中也不乏为了朋友易水分离，甘洒一腔热血的荆轲式的朋友。有为了朋友摔碎心爱之琴的俞伯牙，才有了高山流水的佳话，虽说寥若晨星，但也流芳千古，至今仍熠熠生辉。

现代人，虽不提倡像荆轲一样为了朋友虽死无憾，像俞伯牙一样为了朋友摔碎爱琴，但拥有一个以诚相待，以心换心，坦荡宽容的心，善待关爱自己的朋友，也不失为人生一大幸事。

人生如同风云，变幻莫测，难以预料，所以人都有旦夕祸福的时候，在这个时候，如果有朋友给你指点或支援就会让你化祸为福。如果你有烦恼和忧愁找一个朋友诉说就会减轻许多苦恼，多一些快乐，心理也不再那么压抑。放开自己，释放自己，多多地结交知心朋友，我们的生活会因此变得更多彩。

心理常识：自己人效应

心理学中有一种效应叫自己人效应，就是说要使对方接受你的观点、态度，你就不惜同对方保持同体观的关系，也就是说，要把对方与自己视为一体。心理学中有句名言："如果你想要人们相信你是对的，并按照你的意见行事，那就首先需要人们喜欢你，否则，你的尝试就会失败。"一般来说，人们对"自己人"总有一种亲切感和信任感，与自己人相处是轻松快乐的。

每天快乐一点点

好心情是使人生愉悦的好伴侣，是人能做到自重自制的清凉剂，是解惑妙手回春的良药。享受每一天，就能精彩每一天，就能体验别人体验不到的靓丽的生活。

笑一笑，十年少。笑口常开才能身体健康、青春永驻；无忧无虑，才会使身体里的每一个细胞都快乐而不至于衰老。然而现实生活中令人烦恼的事很多，所以就需要自己给自己创造好心情。

送给你几则心理快乐的妙点子，助你一天好心情：

1. 精神胜利法

这是一种有益身心健康的心理防卫机制。在你的事业、爱情、婚姻不尽如人意时，在你因经济上得不到合理的对待而伤感时，在你因生理缺陷遭到嘲笑而寡欢时，你不妨用阿Q精神调适一下你失衡的心理，营造一个祥和、豁达、坦然的心理氛围。

2. 难得糊涂

"难得糊涂"一直被国人高悬于堂，它是心理环境免遭侵蚀的保护膜。在一些非原则的问题上"糊涂"一下，无疑能避免不必要的精神痛苦和心理困惑，提高心理承受的能力。

3. 随遇而安

只要不是完全丧失理想的随遇而安是应该大力提倡的，它是心理防

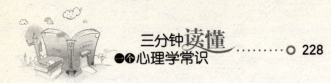

卫机制中一种心理的合理反应。培养自己适应各种环境的能力。生老病死、天灾人祸都会不期而至，用随遇而安的心境去对待生活，你将拥有一片宁静清新的心灵天地。

4. 幽默调剂

幽默是心理环境的"空调器"。当你受到挫折或处于尴尬紧张的境况时，可用幽默化解困境，维持心态平衡。幽默是人际关系的润滑剂，它能使紧张的气氛松弛下来，使人沉重的心境变得豁达、开朗。

5. 宣泄积郁

心理学家认为，宣泄是人的一种正常的心理和生理需要。你悲伤忧郁时不妨用这个方法来平和心灵。可以选择的方式很多，比如：与异性朋友倾诉，进行一项你所喜爱的运动，或在空旷的原野上大声喊叫，这样做既能呼吸新鲜空气，又能宣泄积郁。

6. 听音乐进行心理"按摩"

音乐对人的影响作用是很大的，很多心理治疗师也通过运用不同的音乐为不同的病人解除各类病症。当你出现焦虑、忧郁、紧张等不良心理情绪时不妨试着用音乐给自己做一次心理"按摩"，在音乐的带动下，展开想象，让音乐带走你的不快，平息你的焦虑。

7. 改变发型

换一种发型，换一种心情。大多数人，尤其是女性，都懂得选择适合自己脸型的发型，让自己显得更漂亮。但有时，不妨稍稍改变一下。你可以简便地利用一些小技巧改变自己发型的风格，例如：改变头路，或用丝巾包扎，或戴个小发卡，人自然也生动许多，心情也会不知不觉好起来。

8. 泡个热水澡

洗澡可以洗掉沾染你一天的杂质与灰尘，洗掉你一身的烦恼和疲惫。洗澡的过程也是运动的过程，身体的各个关节都在运动，血液循环加速，新陈代谢加快。洗完澡，还可以睡个香甜的觉，一觉醒来，必定神清气爽，容光焕发。

9. 要工作也要娱乐

只知埋头工作，容易缺乏热情，不妨放轻松一点。准备一本剪贴簿，收集漫画、笑话等等幽默的材料，每天不时拿出来翻翻，让自己开怀大笑几声。也可以在工作以外培养一些兴趣。如果你喜欢唱歌，那就周末约朋友去KTV狂吼一番；如果你喜欢跳舞，喜欢热闹，就下班后跟死党去泡酒吧；如果你喜欢安静，就尝试去体会钓鱼的乐趣。此外，绘画、乐器、等等，都可以成为你生活的一部分。当你真正坚持去做的时候，会发现无穷的乐趣，不知不觉中，自己就开始变得乐观、开朗。

10. 把大自然带进屋内

静听雨打落叶的声音，或望着鱼儿在水中优游的模样，都能给人安详宁静的心境。专家指出，与大自然结合的感觉可以减轻压力。在家中或办公室中种植盆栽，或养一缸鱼都是不错的建议。

发自内心的快乐是不用花钱去寻找的，给自己一个快乐的理由，用心去营造一个快乐的感觉，花一点时间养成快乐的习惯，每个人都可以是快乐的天使。

心理常识：社会促进效应

社会促进效应是指人们在共同工作或有人在旁边观察的时候，活动效率会比单独进行时升高或降低，它是一种集体效应。

一位社会心理学家有一次偶然发现，自行车运动员训练的时候，单独训练时骑车的速度要比和多个运动员共同训练时慢20%。后来，他又找来一些小孩，让他们干一种活：绕鱼线。干的时候分成两组，一组是一个人单独绕，另一组是集合起来一起绕。结果发现，一起绕线比单独绕线的效率要高10%。他据此得出结论：个人在集体中活动的效率要比单独活动的效率高。这就是社会促进效应作用的结果。

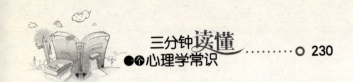

让自己快乐起来

俗话说"笑一笑，十年少"，"嘻嘻哈哈人添寿"。怎样才能使自己生活得快乐呢？民间早有"知足常乐"的说法。心理医生认为，要想让自己快乐，必须注意以下几个问题：

1. 暗示自己

从每天一睁眼起，你就要对自己说今天是美好的一天，不管昨天发生了什么事。毕竟昨天已经成为过去，无法改变。不要让昨天的烦恼影响到今天的好心情，一切从现在开始，让自己快乐起来！

2. 培养爱好

人的爱好多，生活就会变得丰富多彩，如集邮、种花、养鸟、垂钓、跳舞、下棋、看书、绘画等，这些爱好可使生活多姿多彩。人的生活倘若陷入单调沉闷的"老调"，就不易感到快乐；而如果能去参加某项新开辟的活动，则不仅可扩展自己的生活领域，而且还可以带来新的乐趣。

3. 淡化自我

要想使自己与快乐为伍，首先要不断驱除心理上的烦恼与忧愁。而要做到这一点，最重要的便是淡化自我，树立正确的人生观。清代学者陈自崖曾说："事能知足常惬意，人到无求品自高。"这对于淡化自我、驱除烦恼、保持快乐来说，堪称至理名言。

4．不认死理

看问题要有弹性，要懂得"金无足赤，人无完人"的道理，对任何人和事都不可太苛刻，否则就会给自己带来烦恼。

5．不过分依赖

在生活中，如果太依赖他人，对他人期望过高，就容易失望。要树立这样的观念：凡能靠自己争取的，一定自己争取。这样可避免许多由于失望而带来的苦果。

6．学会达观

大仲马说："人生是一串由无数小珠子组成的念珠，达观的人总是笑着捻完这串念珠的。"所谓达观就是要懂得社会人生变化的辩证关系，万事如意只是一种良好的祝愿，实际上万事都按自己的主观愿望发展是不可能的。

7．学会宽容

是指处理人事关系要豁达大度。在生活中，人与人之间磕磕碰碰的事难以避免，但只要你能严于律己、宽以待人，日久见人心，大度集群朋，你的人际关系自然进入良性循环。

8．自我奖励

当要完成一项费时而艰巨的工作时，可将该工作分解成若干步骤，每完成一步就奖励自己一次，使自己多体会成功与被奖励的喜悦。

9．要有一个心理安全带

凡事都应设想一下可能出现的最糟糕的结果并制订出应变计划，以便到时从容不迫地应对。

心理常识：凡勃伦效应

我们经常在生活中看到这样的情景：款式、皮质差不多的一双皮鞋，在普通的鞋店才卖几十元，进入大商场的柜台，就要卖到几百元，却总有人愿

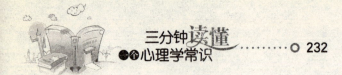

意买。上万元的眼镜架、纪念表、上百万的顶级钢琴等等，这些近乎"天价"的商品，往往也能在市场上走俏。

其实，消费者购买这类商品的目的并不仅仅是为了获得直接的物质满足和享受，更大程度上是为了获得心理上的满足——炫耀性。这就出现了一种奇特的经济现象，即一些商品价格定得越高，越能受到消费者的青睐。由于这一现象最早由美国经济学家凡勃伦注意到，因此被命名为"凡勃伦效应"。

心理学常识   心理学常识

【第九章】

心理困惑

——赶走心理困惑，让心灵洒满阳光

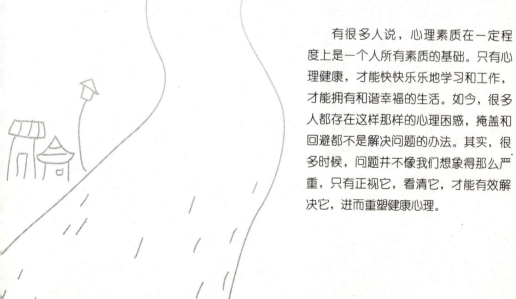

　　有很多人说，心理素质在一定程度上是一个人所有素质的基础。只有心理健康，才能快快乐乐地学习和工作，才能拥有和谐幸福的生活。如今，很多人都存在这样那样的心理困惑，掩盖和回避都不是解决问题的办法。其实，很多时候，问题并不像我们想象得那么严重，只有正视它，看清它，才能有效解决它，进而重塑健康心理。

冲破羞怯的樊篱

在生活中，我们经常会遇到一些很害羞的人。他们对自己缺乏信心，不喜欢公开亮相，不善于交际，有时候在路上碰到领导甚至会因怕羞而故意躲避，在人多的场合他们会躲在一边不言不语，有生人来了他们可能会躲在自己的房间里不敢露面……这些都是羞怯的表现。

羞怯意思就是羞涩胆怯，其主要表现为紧张、难为情和退缩，常称之为害羞。羞怯是一种心理障碍。有这种心理障碍的人，在生人、外人、众人、长辈面前，就会心生怯意，可能出现脸红、心跳，鼻尖和额头冒汗，甚至浑身肌肉紧张，脸上表情不自然等典型症状。别人看着不舒服，他们自己也觉得很难受。越是这样，这种人就越不愿与外人接触，不敢在众人面前露面。这会导致他们因羞怯而把自己禁锢在一个狭小的空间里，使自身的发展受到很大的限制。

人的羞怯心理似乎是与生俱来的，从某些角度来看，羞怯并不一定是一个完全贬义的词，有人甚至认为"适当的羞怯是一种美德"。因为有羞怯心理的人往往勤于思考，无意与他人竞争，凡事多为他人着想，因此这种人给人的感觉往往是不惹是非的老好人。

对于女人来说，羞怯甚至是一个褒义词，尤其是当"羞怯"和女人的"娇媚"联系在一起的时候。娇羞是一种态，年轻的女孩子，面对自己心仪的男子，心下是鹿撞般咚咚跳着，再怎么铁马冰河、雷霆万钧，

表面上却如桃花新绽，又娇又羞，肯定会叫人喜欢。即便是年龄稍大的女子，脸上露出娇羞也是很迷人的。林海音在《城南旧事·兰姨娘》中写道："兰姨娘娇羞的笑着，就仿佛她是十八岁的大姑娘刚出嫁。"这娇羞，让人心疼，惹人怜爱，不忍碰触，像一朵含娇带露的花，爱不释手，想据为己有，却舍不得攀折，面对时，眉梢眼底，都是关爱，离开时，举手投足，都是牵挂和惦念。

当然，凡事都有一个度，娇羞虽好，但若是过了头，即便对女子也会很不利。有的人在别人侵犯自己的权益时，因为羞怯而不敢站出来维护自己的权益，这只会让一些自私的小人变本加厉地欺负自己。现实是残酷的，要宽容别人更要善待自己。在合理的权益面前一定要争取自己的正当权益。

有的人从小就很怕人，一见生人就心慌，就不敢吭声，更不敢在大庭广众之下讲话，一讲话就会脸红脖子粗的，明明自己会答的问题当众就是答不出来。很多人都认为自己天生就是个怯弱的人，好像是命里注定的一样。心理学上把一个人对自己的全部特性的看法称为"自我观念"。一旦这个自我观念逐渐被强化和巩固，一个人就可能以一种习惯化或固定化的模式去描述自己。其实，自我不是生成的，而是创造的。从这个意义上说，我们可以创造一个消极的自我，就可以创造一个积极的自我。那么，如何塑造一个积极的自我呢？

1. 把听者当成是自己的朋友

要想冲破羞怯的藩篱，就要从心理上把听话者当成朋友。容易害羞的人都知道，和自己的亲人、朋友在一起会比较轻松，一般不会紧张。所以，在和生人、外人接触时，为避免产生羞怯心理我们可以告诉自己："他们都是我的朋友，是熟人。"这样，紧张感就会消除很多，说起话来也会变得从容、淡定一些。

2. 多充实自己

平时可以多看些书、多积累些知识，让自己的头脑充实起来。实际上，自己头脑充实了，自信心自然就会增强。一个人头脑充实、知识多，办法、想法也就会多起来。这样，说话、办事就会有优势，自己的把握就会大些。自己觉得有把握，胆子就会变大，如此一来，羞怯心理就会远离我们。

3. 积极地参加社交活动

社交中要熟练掌握与人交往的技巧，就要积极参加社交活动。怯弱性格的主要表现就是在与人的交往中害羞、迟钝、沉默寡言，而积极参加社交活动，则可以使羞怯的人得到锻炼。交往的对象可以从自己身边选起，像同学、邻居、朋友等，从一些小型聚会中能学习简单的社交礼仪，并且能够锻炼自己的胆量，使自己不再那么羞于见人，羞于说话。然后，逐步扩大交往范围。只要主动坚持去介入，就能逐步适应社会交往，肯定会很自然地找到摆脱怯弱的途径。那时，你会惊奇地发现自己变了，仿佛变成了另外一个人。

4. 给自己积极的心理暗示

在社交中，遇到突发事件或者与生活有较大差异的事情发生时，别暗示自己"我可不行""这种情况下，我办不好了"，这样只会让自己更加胆小怕事。而要多问一问自己"怎么办""如何才能办得更好"，这种潜在的自我肯定暗示会提高自信度和办事效率，会使自己积极地面对各种问题。这样，在社交生活中反复锻炼，自身的处事能力就会不断提高。

不要自觉低人一等，觉得自己事事、处处不如别人，要勇敢地迈好最难、也是最关键的第一步。一旦迈出第一步，你就会觉得一切不过如此，没必要把自己想象得"可怜兮兮"的、什么都害怕都解决不了的样子。

5. 不要给自己找借口

不要以"此时融入集体活动的时机不对""我现在还有事不能参加集体活动""我没必要参加"等为借口来掩饰自己的羞怯心理。

事实上，一个人不是生下来就是他现在这个样的，而是逐渐地成为

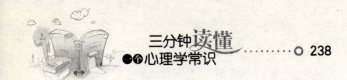
他现在这样的，这一过程的实现无疑是取决于每个人为此作出的努力。

心理常识：苏东坡效应

古代有则笑话：一位解差押解一位和尚去府城。住店时和尚将解差灌醉，并剃光他的头发后逃走。解差醒时发现少了一个人，大吃一惊，继而一摸光头转惊为喜："幸而和尚还在。"可随之又困惑不解："我在哪里呢？"

这则笑话一定程度上印证了诗人苏东坡的两句诗："不识庐山真面目，只缘身在此山中。"即人们对"自我"这个犹如自己手中的东西，往往难以正确认识。从某种意义上讲，认识"自我"比认识客观现实更为困难。所以，鲁迅有一句人们都认可的名言："人贵有自知之明。"社会心理学家将人们难以正确认识"自我"的这种心理现象称之为"苏东坡效应"。

攀比会让心理的天平失衡

从我们来到这个世界的那一刻起，我们的心理天平就开始了左右不停的起伏，于是，我们就开始在这忙碌的世界上寻求心理平衡的砝码。平衡了当然好，满足、安慰……倘若不平衡，则会派生出攀比、嫉妒等偏激心理。

儿时，母亲的乳汁、温暖的怀抱是我们的平衡砝码。童年时，新衣、喜欢的玩具是我们的平衡砝码。随着时光的推移，我们发现在这个世界上，自己想追逐的东西太多了，金钱、美女、功名、利禄等等，这些都是我们更难以寻求到自己心理平衡的支点。于是，有些人不断地追求，与人攀比，而忽视了对心理平衡支点的调节。

现实生活中，有很多人心理天平失衡，总是找不到平衡的支点。他们忘记了自己的过去，盲目和别人攀比，眼中只有"我比他强""我没人家好"的单调思想，所以，谈话时难免说出一些不让人入耳的话来，最后导致破坏彼此的友谊，成为社交圈里不受欢迎的人。

如今，孩子的教育问题是每个家庭的大事，当然也是相互攀比的一个重要方面。有些父母对孩子的教育存在盲目追求的心理，比如孩子进学校，父母会不惜重金地给他选择好学校，选择好教师，选择好班级，根本不从自己的孩子自身的条件出发去选择。这种攀比现象，会使孩子自己因进入了名校而骄傲。但这种盲目的攀比，不但使得家庭在经济上伤痕累累，而且也会让孩子在以后的社会交往之中产生不良的攀比心理。其实说到底，还是父母在社会交往中形成了一个攀比的心态，从而影响了孩子。

我们都知道"人比人，气死人"的道理，可还是经常会将自己与周围环境中的各种人物进行比较，比得过就心满意足，比不过就生闷气，其实，这都是攀比之心在作怪。有攀比之心的人应该学会调适自己的心理，使自己心理平衡。放下攀比之心，生活就会轻松起来。

有些人之所以不喜欢同学聚会，就是因为大家聚在一起就要攀比：比老公的地位和事业、比老婆的温柔体贴、比家里住多大面积的房子、比有什么样的车子、比穿戴的是不是品牌、比家里装修的气派……其实，这都是自寻烦恼。喜欢攀比的人越比越累，在人际交往中也不会被人们喜欢。

人群是一个复杂的综合体，而人群中的个人又是一个独立的小个体，每个人都有自己的道路要走，因为我们成长过程中所处的时代背景，社会环境等等都是不同的，所以，根本无法相比，比来比去，根本毫无意义。

可能有人会讲，攀比能促进个体看清自己，向更好的方面发展。

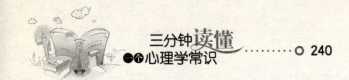

但是，每个人都有自己适合的道路，很多攀比只是徒劳罢了，根本起不到促进的作用。攀比之心不可有，别让虚荣阻碍了你的正常生活。生活是自己的，只要自己过得开心、过得舒服就好。如何才能消去攀比之心呢？

1. 将攀比转换为恭喜

如果你已经有了攀比的心理，那请将攀比之心转换为恭喜之心。当让你惦念的美事落到别人头上的时候，攀比之心会让你无比痛苦、寝食难安，恭喜之心则会让你在他人的快乐之中分享快乐、分享经验。

2. 不再嫉妒他人

嫉妒和攀比是一对孪生姐妹。一般越是内心狭隘的人，越容易嫉妒他人，也越容易拿自身去和别人比较。因此，根除嫉妒，才能从根本上消除攀比之心。

3. 客观全面地认识自我

应调整自我价值的确认方式。心理研究表明，自我价值确认越是倾向于社会标准，比如是通过周围人、社会流行观念等认知自己，虽然相对客观，但容易引发嫉妒、攀比；如果是倾向于内在标准，以自己的思考、内在的准则为参照，那样相对会减少自己与别人的比较。简单地与别人比较，往往会导致片面的看法。因为能够体现出个人价值的方面很多，而每个人的优势和劣势又不尽相同。自我价值的认知不能过分倾向于社会标准，也不能过分倾向于自己的内在标准，要两者结合，才能产生积极的认知心理。

如果你是一个攀比的人，那就停下你攀比的脚步，在社交生活中，攀比只会让你和别人对立起来，减少你的亲和力，使你慢慢被推出社交圈子。

如果一个人跟你攀比，你越是要跟他比，他就越起劲，反之，你随他去，不去搭理那种无聊的人，他就会觉得非常不自在，觉得跟你比没什么意思，慢慢就会减少要与你攀比的心思。

在心理学中，"进门槛效应"指的是如果一个人接受了他人的微不足道的一个要求，为了避免认知上的不协或是想给他人留下前后一致的印象，就极有可能接受其更大的要求。关于这个效应的理论是美国社会心理学家弗里德曼与弗雷瑟在实验中提出的。

实验过程是这样的：实验者让助手到两个居民区劝说人们在房前竖一块写有"小心驾驶"的大标语牌。他们在第一个居民区直接向人们提出这个要求，结果遭到很多居民的拒绝，接受的仅为被要求者的17%。而在第二个居民区，实验者先请求众居民在一份赞成安全行驶的请愿书上签字，这是很容易做到的小小要求，几乎所有的被要求者都照办了。他们在几周后再向这些居民提出竖牌的有关要求，这次的接受者竟占被要求者的55%。

别让孤僻成为阻碍交际的冰川

孤僻是我们常说的不合群，指不能与人保持正常关系、经常离群索居的心理状态。孤僻的人一般为内向型的性格，主要表现在不愿与他人接触、待人冷漠。在社交中，对周围的人常有厌烦、鄙视或戒备的心理。具有这种心理的人猜疑心较强，容易神经过敏，办事喜欢独来独往，但也免不了为孤独、寂寞和空虚所困扰。因此，孤僻对人的身心健康十分有害。

因为孤僻的人缺乏朋友之间的欢乐与友谊，交往需要得不到满足，内心很苦闷、压抑、沮丧，感受不到温暖，看不到生活的美好，缺乏群体的支持，容易消沉、颓废。孤僻心理是怎么来的呢？

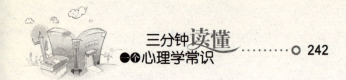
1. 内心冷酷

有的人从小性子比较冷淡，常因某种贪婪的目的假意与人产生感情。这类人不具有生活的热情，心灵已被物质熔炼成钢铁一块，在他们心中人与人之间只有利益，于是，他们习惯用冷冰冰的利益关系来替代人与人之间纯洁和善良的感情。所以，他们有时候看起来虽然很热情，但是内心却是极其孤僻的。

2. 心理自负

有的人只关心个人的需要，强调自己的感受，在人际交往中表现得目中无人。与同伴相聚，自己不高兴时，这种人往往会不分场合地乱发脾气。高兴时，则海阔天空、手舞足蹈讲个痛快，全然不考虑别人的情绪和态度。这种人往往会过高地估计与他人的亲密度，讲一些不该讲的话，这种过于亲昵的行为会使人出于心理防范而与之疏远。

3. 幼年受挫导致自卑

美国心理学家的研究表明，儿童时期如果各项活动取得成绩而得到老师、家长及同伴的认可、支持和赞许，会增强一个人的自信心、求知欲，使其内心获得一种快乐和满足，从而养成勤奋好学的良好习惯。反之则会使人产生受挫感和自卑感。这样的人长大后性格就比较孤僻，不愿意与人接触。

4. 对环境的适应能力不强

有的人因为在生活中一直处于一种无所事事的状态。工作压力很小，生活平淡，朋友圈子不大，业余生活不多，伴随着这种单调麻木，这些人的性格好像也理所当然地简单乏味起来。当他们还在从早到晚无话可说、无事可做的麻木中陶醉的时候，一旦周围的环境发生变化，现实强迫他们尽快回到一个社会人的状态，这种懒散惯了的人就会很难融入每天都紧张的环境中。这会间接导致他们走向孤独，不能够很好地处理人际关系。

人际关系是否和谐，自己能否为他人所接受，也直接影响到自己的心理健康。要改变孤僻的心理障碍，成为社交高手，可以参考以下方法。

1. 改变性格，增加交往的心理透明度

孤僻的性格是在生活环境中经过反复强化逐渐形成的。具有孤僻性格的人，兴趣比较狭窄，清高孤傲，心灵的透明度不够，心理活动深藏不露，外人感到神秘莫测。这些性格会成为他们融入集体的障碍。因而，与人沟通时要增加心理透明度，以开放的心态主动与人交往，吸纳别人的长处，享受、体会人与人之间的情意和交往带来的欢乐。

2. 调整自己的心态，主动与人交往

在交际中，心态一定要调整好，千万不能害怕与人交往。工作中与同事多接触会让人变得更合群。还可以找朋友聊天。如果自己话不多，那就当听众，听听他们的故事、话语，说不定能从中得到启发，脑子就开窍了。到处走走散散心，也能让心境打开，使你交到更多朋友。

3. 悦纳自我

俗话说："人贵有自知之明。"能否正确认识、评价和接受自己，是保持自身心理健康的前提。但"当局者迷"，并非人人都能真正做到自知。自我认知失调是导致心理失衡的一个重要原因。我们应全面认识自己的心理特点，了解长处和短处，并对自己作出客观的、恰如其分的评价，防止因评价过高而变得自负，或因评价过低而陷入自卑。要努力让自己树立"我是这世上独一无二的"观念，悦纳自我，以积极的状态面对社交活动。

4. 及时肯定自己

因自卑而孤僻的人，每天晚上睡觉前要充分肯定自己这一天的成绩和进步，不讲消极的话。有写日记习惯的可以把好的体验、进步、成绩记到日记上。天天都这样记日记，你会觉得生活越来越有意思。

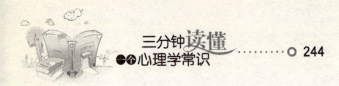
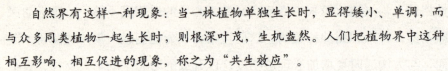

心理常识：共生效应

　　自然界有这样一种现象：当一株植物单独生长时，显得矮小、单调，而与众多同类植物一起生长时，则根深叶茂，生机盎然。人们把植物界中这种相互影响、相互促进的现象，称之为"共生效应"。

　　事实上，我们人类群体中也存在"共生效应"。英国卡文迪许实验室从1901年至1982年，先后出现了25位诺贝尔获奖者，便是"共生效应"一个杰出的典型。

多疑让你失去他人的信任

　　多疑的人往往带着固有的成见，通过"想象"把社交中发生的无关事件凑合在一起，或者无中生有地制造出某些事件来证实自己的成见，于是，就把别人无意的行为表现，误解为对自己怀有敌意。没有足够根据，就怀疑别人对自己进行欺骗、伤害、暗算、耍弄阴谋诡计，甚至把别人的善意曲解为恶意，以致与人产生隔阂，在人际交往中自筑鸿沟，严重时还有可能反目成仇。

　　多疑是一种由主观推测而产生的不信任的复杂心理体验。猜疑心重的人往往整天疑心重重、无中生有，总以为别人在议论自己、瞧不起自己、算计自己，认为人人都不可信，人人都不可交。

　　多疑是交往中的一种消极心理，反映着不同程度的自私狭隘思想。如有的人受到领导批评时，总是疑心谁向领导打了小报告，疑心与自己竞争的人使绊子，疑心与自己有过节的人伺机报复等。甚至有人对自己稍微表现出一丝异常，就怀疑是对自己有成见。

多疑是人际关系中的蛀虫，也是和谐人际关系之大忌。一个人一旦掉进无端猜疑的陷阱，必定处处神经过敏，事事捕风捉影，心生疑窦，对他人失去信任，既损害正常的人际交往，又影响个人的身心健康。

上周末，几个朋友约好了去酒吧喝酒，可就是没有人来告诉小王。小王无意中得知此事心里很不舒服，觉得这帮朋友太不够意思，接着就想："他们怎么会忘记告诉我呢？肯定是自己有什么地方做得不好了，不知道得罪了其中的谁。这次他们聚会，之所以不叫上我，没准儿就是因为那个人要跟其他人说我的不好呢！是这样吗？还是他们都不喜欢我，在有意远离我？哎，他们到底为什么不叫上我呢……"小王这样猜想着，一个周末都没有休息好，致使这周的精神状态很差，工作效率也很低。

而实际情况是怎么样的呢？朋友们觉得小王上周工作很辛苦，所以没有通知他一起聚餐。大家这么做是希望他一个人在家好好休息一下，下周末再一起聚会，好好聊聊。

猜疑多是由错误的思维定势造成的。一般来说，猜疑者是以某一假想目标为起点，以自己的一套思维方式并依据自己的认识和理解程度进行"O"型思考的。这种思考从假想目标开始，又回到假想目标上来，如蚕吐丝做茧，把自己包在里面，死死束缚住。

筱筱的大学同学在聚会上带了女儿去，但却没有介绍给筱筱认识。筱筱觉得很别扭，内心思忖着对方为什么没有把孩子介绍给自己认识："她觉得我现在没钱没权没本事，所以，不屑于让孩子叫我一声'阿姨'？或许，她以前根本就不喜欢我，只是因为我们在一个宿舍，所以才不得不与我接触？不管怎么样，她让我心里不舒服，我就不能让她舒服，下次聚会，我就把我儿子领来，也不介绍给她认识！"

而实际上，朋友之所以没介绍孩子给筱筱认识，是因为孩子太害羞了，来了以后，就自己找了个地方坐下，谁也不搭理了。

多疑是一种精神过敏，是友谊之树的蛀虫。这种心理是迷害人的，能乱人心智。多疑能使人陷入迷惘，混淆敌友，从而破坏其事业。具有多疑心理的人，往往先在主观上设定他人对自己不满，然后在生活中寻找证据。带着以邻为壑的心理，必然把无中生有的事实强加于人。这是一种狭隘的、片面的、缺乏根据的一种盲目想象。因此，这种人必须费心地算计别人，因为只有这样他们才不会吃亏，才能在他们营造的狭隘的世界里获得"胜利"。

在社交中，我们应该理性思考，不无端猜疑。当发现自己生疑时，不要朝着有利于猜疑的方向思考，而应问问自己："为什么我要这样想？""如果怀疑是错误的，还有哪几种可能发生的情况？"在做出决定前，多问几个为什么是有利于冷静思索的。

在自己无端猜疑的时候，可以去做做运动，哪怕刚开始是强迫自己去这么做。健身可以让人的头脑一时放弃思索，不再猜疑。过了当时的猜疑点，也许就能减轻或者忘记那些疑团了。在心绪不宁之时，做自己平时喜爱的运动，比如做健身操，或打太极拳，或散步，或伴着音乐跳舞，都能消除悲伤、愤怒、烦恼和愁思，换来"柳暗花明"的心境。

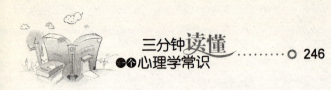

心理常识：蝴蝶效应

美国麻省理工学院气象学家洛伦兹为了预报天气，用计算机求解仿真地球大气的13个方程式。为了更细致地考察结果，他把一个中间解取出，提高精度再送回。而当他喝了杯咖啡以后，回来再看时竟大吃一惊：本来很小的差异，结果却偏离了十万八千里！计算机没有毛病，于是，洛伦兹认定，他发现了新的现象，即"混沌"，又称"蝴蝶效应"。

他进一步解释说，一只南美洲亚马孙河流域热带雨林中的蝴蝶，偶尔扇动几下翅膀，可能在两周后引起美国得克萨斯引起一场龙卷风。其原因在于：蝴蝶翅膀的运动，导致其身边的空气系统发生变化，并引起微弱气流的产生，而微弱气流的产生又会引起它四周空气或其他系统产生相应的变化，由此引起连锁反应，最终导致其他系统的极大变化。

此效应说明，事物发展的结果，对初始条件具有极为敏感的依赖性，初始条件的极小偏差，将会引起结果的极大差异。

洁癖不等同于讲卫生

一般来说，洁癖就是太爱干净。一个人爱干净是好事，但是，过于注重清洁以至于影响正常的学习、工作和生活，特别是社会交往，就属于洁癖。洁癖有轻重之分。较轻的洁癖仅仅是一种不良习惯，而较严重的洁癖则属于心理疾病，是强迫症的一种，应求助于心理医生。

有的人尤其注意手的卫生，每天要洗几十遍，每接触过一件东西，就得把手洗一次，不然就痛苦万分，什么事情都做不了。一回家动不动就要大洗一番，不让家人随便乱坐，也不欢迎朋友来访。他们不仅注意自己的手，还关注周围的其他人，例如别人去厕所后忘了洗手，或者从外面回来没有洗手，又碰了什么文件和用具，那他就对这些文件和用具特别紧张；和别人握手也很紧张。时间一长，这样的坏习惯就会严重影响工作和生活。

洁癖与心理、社会因素有关，过度疲劳、紧张，某些精神刺激以及自小卫生的家庭教育等都可以诱发洁癖。有洁癖的人的性格多具有敏感、固执、主观任性、自制力差，或胆小怕事、优柔寡断、犹豫不决、谨小慎微、自卑、墨守成规、刻板等特点。

中国历史上最著名的有洁癖之士要首推明初大画家倪云林。他爱

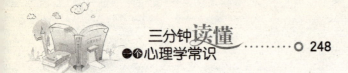
洁成癖，自己用的文房四宝每天都有两个佣人专门负责随时擦洗。院里的梧桐树，也要命人每日早晚挑水揩洗干净。一日，他的一个好朋友来访，夜宿家中。因怕朋友不干净，一夜之间，竟亲起视察三四次。忽听朋友咳嗽一声，于是担心得一宿未眠。及至天亮，便命佣人寻找朋友吐的痰在哪里。佣人找遍每个角落也没见痰的痕迹，又怕挨骂，只好找了一片树叶，稍微有点脏的痕迹，送到他面前，说就在这里。他斜睨了一眼，便厌恶地闭上眼睛，捂住鼻子，叫佣人送到三里外丢掉。

很多有洁癖的人也知道自己有洁癖，明知道没必要，可就是控制不住。某女有洁癖，家里来了客人她会很紧张，客人走后她必须把家里所有地方都擦一遍。去外面时，需要开门她不会直接碰门把手，而必须先拿张纸垫着。她不敢乘公交车，不敢去公共场所，所以基本很少出门。万不得已要出门回到家的第一件事情就是彻底清洁，里里外外全部衣服，还有包、包里的东西，只要是带出去的东西都要洗，没洗干净之前绝不会接触家里的其他东西……

像这种有洁癖的人在我们日常生活中是很多见的，他们整天都活得特别紧张，其生活目标就是讲卫生，整天关注的就是病菌，而无暇顾及其他。当洁癖影响正常生活的时候，它就不再是讲卫生了，就需要采取办法加以矫正了。

1. 从心理上改变对洁净的认识

有洁癖的人一般都是完美主义者，他们追求的是心理上的洁净。其实"洁"与"不洁"是一个相对的概念，任何人在任何时间、场合都无法做到完美。农村孩子是玩泥巴长大的，身体却很棒。而且我们身体里有很多有益的细菌，都消灭了反而更容易生病。农民一般没有洁癖，他们的身体与自然融为一体，在他们眼里粪便意味着肥料，是粮食高产的保障。只要能从心理上正确认识洁净，并用事实逐渐改变固有的看法，走出洁癖的困扰并不难。

2. "以毒攻毒"

物极必反，矫正洁癖我们可以"以毒攻毒"，怕什么偏干什么，一旦跨过心理上的那道坎儿，问题就解决了。比如，对于需要不停洗手的人，家人或朋友就可以让他全身放松，轻闭双眼，然后在他手上涂泥土、墨水等脏东西。涂完后，提示他的手弄脏了。接受治疗的人要尽量忍耐，直到不能忍耐睁开眼睛看到底有多脏为止。如此反复进行，巧妙之处是有时可以在他手上涂清水，同样告诉他很脏，这样他睁开眼时会发现手并不脏。这对他的思想是一个冲击，说明"脏"往往更多来自于自己的意念，与实际情况并不相符。

此外，还可以把自己害怕的东西和场景、经常做的事情，从轻度到重度写出来，然后每天从最容易的事情入手控制自己的行为。比如，每天减少洗手的次数，原来洗30遍，现在洗25遍，慢慢地克服洁癖。

心理常识：奖惩效应

奖励和惩罚是对人行为的外部强化或弱化的手段，它通过影响人的自身评价，能对人的心理产生重大影响，由奖惩所带来的行为的强化或弱化就叫做奖惩效应。正确地运用表扬和批评等奖惩手段，能激荡人的心灵，产生良好的心理效应，有助于人识别真善美和假恶丑，强化好的思想品德，抑制不良的行为，提高道德认识水平，促使人逐步形成正确的人生观。

别让强迫症左右你的生活

生活中，有些人的生活常被一些想法和行为所左右，比如反复想同一个问题，或者重复做同一件事。为了排除这些令人不快的思想、观念或欲望会导致严重的内心斗争并伴随强烈的焦虑和恐惧。有时可以是为了减轻焦虑而做出一些近似仪式性的动作。尽管他们明知没有必要，却无法自我控制和克服，因而感到痛苦。当这些想法和行为影响到正常生活时，可能就是得了强迫症。

在大学的最后一年，学财会的小陈发现自己花了越来越多的时间完成功课，每次做完作业，他总是要反复检查，直到自己满意为止。毕业后到了一家银行工作，同事很快发现明明可以两三个小时完成的账，小陈却需一两天完成。因为他总是担心账没有作对，反复地检查。不仅是在工作上，小陈出门时反复检查门窗是否关好，寄信时反复检查信的内容，看是否写错了字，花去了大量的时间。单位领导只好让他回家"休息"。

生活中有许多人都具有强迫现象，比如反复检查窗户是否关紧，大门是否上锁。如果这种现象只是轻微的、暂时的，当事人不会觉得痛苦，强迫行为对自己的生活没有太大的妨碍，就不算是病态，也不需要太在意。如果强迫症状出现的次数比较频繁，干扰了正常的生活，对工作和学习有了很大影响，这就要去治疗了。

据国际权威专家统计，30岁左右的城市人群最容易引发强迫症，且发病率呈逐年上升的趋势。他们大多长期机械工作，压力过大，对本职工作渐渐产生了厌倦，却又希望得到上司的赏识，不允许自己出错，凡事追求完美。这种状态形成了恶性循环，就容易导致强迫症。

强迫症与一定的人格特征有着密切关系。患有强迫症的人为人谨慎、墨守成规、缺乏通融和幽默感、太过理性；内心常常有明显的冲突，徘徊于服从与反抗、控制或爆发两种极端。他们常常对自己、对别人要求很高，结果总是批评别人不好，怀疑和否定自我，缺乏自信心，常因无法接受自己强烈矛盾的内心冲动欲望而崩溃。

社会心理因素是强迫症的诱发因素。正常人偶尔有强迫观念，但是并不持续，然而在某些社会心理因素的影响下，这种强迫观念却会被强化而持续存在。比如，工作和生活环境的变换，加重了责任，要求过分严格；家庭不和，性生活困难，怀孕，分娩等造成的紧张；亲人的丧亡，突然惊吓，遭受政治上的冲击，濒临破产等等。这些事件会给人带来沉重打击，使人谨小慎微，遇事犹豫不决，反复思考，忧心忡忡，容易促发强迫症状。

心理医生认为，如果已经患有强迫症，只要能勇敢理智地承认它，那它就并不可怕。

1. 把心放大，一切顺其自然

要克服强迫症就要相信世上并没有十全十美的事物，残缺也是一种美，维纳斯的断臂被世人称为"完美的美"就是例子。此法在于减轻和放松精神压力，做任何事情都要顺其自然，做完就不再想它，不再评价它了。如：担心窗户没关好就没关好了，东西好像没收拾干净就脏着乱着吧。经过一段时间的努力来克服由此带来的焦虑情绪，症状是会慢慢消失的。

2. 让情绪得到宣泄

说出自己的紧张情绪，如自己过去曾在某个情景或某个时候受到的心理创伤、不幸遭遇等，把内心的痛苦情绪尽情向亲近的人发泄出来。说出

第九章 心理困惑

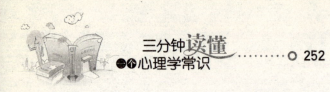

自己的恐惧，也就降低了恐惧；说出自己的紧张，也就缓解了紧张。

3. 直面引发强迫心理的环境

让一个人暴露在其恐惧的情境中，会使其感到焦虑和痛苦，所以，很多人会极力回避这种环境。这时必须靠自己的意志力或其他人的帮助来阻止回避行为的发生，只有在强迫的情境中暴露的时间足够长，这种焦虑和痛苦才会缓解。简单地说，就是一下子接触到最害怕的东西，然后让自己慢慢适应。反复运用此法可阻止回避行为的发生，最终对这类情境就不再恐惧，从而建立正常的行为模式。

心理常识：视网膜效应

心理学上所说的视网膜效应是当我们自己拥有一件东西或一项特征时，我们就会比平常人更注意到别人是否跟我们一样具备这种特征。比如，有人买了一辆墨绿色的中型轿车。当时他觉得一般人的车都买白色或黑色，所以认为自己的选择很独特，而且很有品位。但是当他买回车来之后，却发现不论是高速公路上，还是小巷子里，甚至他住的大楼的停车场中，都看到许多和他的车同型，而且是墨绿色的轿车。这就是生活中的视网膜效应在作怪。

与内心的恐惧做朋友

有些人怕水，有些人恐高，还有些人连自己怕什么都不清楚，而只能笼统地说："我怕黑。"其实怕黑的感觉不是来自黑暗，而是另有原因和情况。心理学上认为，黑暗只是常见的害怕的感觉的一种而已。害怕在形成之后，往往会随着年龄增长而逐渐消退。但对于有些人来说非但不会消退，害怕的程度反而会更加严重，久之则会形成恐惧症，进而影响人格发展与日常生活行为。

亚红四岁那年，她的弟弟出生了，从此她不再享有被妈妈搂着睡觉的待遇，而那时村里树林茂密，几乎每天夜里都有狼来活动，大人自是熟悉了狼的叫声，不以为然，但年幼的亚红每每听到后却毛骨悚然。于是，她渐渐养成了一个习惯，每天晚上睡觉必须开着灯。有时，爸妈看她睡着了，就把灯关掉。但敏感的亚红一旦意识到灯被关掉了，就会立刻醒来，并要求爸妈不要关灯。

成家后，亚红一个人在家的时候依然不敢关灯睡觉。老公每次上夜班，她都会觉得夜晚特别难熬。一关灯，她就会觉得在不可知的黑暗中会有鬼怪跑出来，特别是在夜深人静的时候更是怕得受不了，躺在床上一动都不敢动。所以有时候她会起床玩电脑游戏，直到困得不行了才去睡。

导致怕黑的原因很多，大致有以下几点。

1. 教育方式不当

人之所以怕黑，不是先天的本能，而是后天教育的结果，是父母亲或者童年陪伴人员的教育造成的。很多人小时候晚上不肯睡觉，长辈都会用鬼神等观念来吓唬他们。比如有的母亲会对孩子说："黑暗里藏着一个魔鬼，你再不睡觉就让他来吃你。"这些观念一直植根于人的头脑中，让其潜意识中产生对黑暗的恐惧，而这种潜意识在今后的生活中会一直发生作用。

2. 缺乏安全感

缺乏安全感，人很容易产生恐惧心理，尤其是伴随着黑暗、阴影和自己一个人的时候。有人说自己"怕黑"、"怕鬼"，很可能是害怕黑暗里看不清楚的事物，或模糊不明的阴影，也可能是自己不愿一个人独处，害怕孤独。

3. 过于孤独

人具有社会性，人是群体性动物，孤立的人是不能生存的。或许你一个人单独走在黑夜会很害怕，但如果有一个人与你同行，害怕感会减少一点，人越多就越对黑夜不会怕，就是这个道理。

4. 过分的渲染和夸大

怕"鬼"也是你小时大人对此过分的渲染和夸大所致，尤其是动作和表情，让你永生难忘，影响将来一辈子。比如，有些老人给孩子讲故事时把鬼的形象描述得恐怖又"真切"，什么"红嘴蓝鼻子，四只毛蹄子"等。

5. 影视等传播媒介的影响

一些电视节目或恐怖片，都会将"鬼"和黑暗联系起来，再配合一些诡异的音效、动作、道具和化妆，经过大众传播工具的渲染，"鬼很恐怖，它会出现在黑暗的地方。"于是"鬼"和"黑暗"在你心里便有了形象，甚至加深对它的恐惧感。

但值得我们注意的是，引起恐惧的往往不是黑暗，而是魔鬼的样子。所以，这个时候如果我们不去尽快把魔鬼和黑暗分开来，那么，你就会既害怕黑暗，又害怕魔鬼。

面对因恐惧而产生的情绪反应，你可以试着以简单的思考方式，了解自己所害怕的到底是什么。如害怕黑暗，应让自己在黑暗中逐渐壮胆，增加面对黑暗的勇气。如果恐惧暗影造成的幻觉，应先让自己看清楚阴影的真面目。同时可以借父母亲友的陪伴和情感支持所给的安全感，消除恐惧。

你也可以采取其他方法分散自己的注意力，比如睡前看看电视或书，内容应该是自己喜欢的，积极向上的，时间不要太长，之后关灯闭上眼想一想刚才看过的情景。或者在睡前和自己心爱的人或喜欢的好朋友聊聊天。

法国心理学家约翰·法伯曾经做过一个著名的实验，称之为"毛毛虫实验"：把许多毛毛虫放在一个花盆的边缘上，使其首尾相接，围成一圈，在花盆周围不远的地方，撒了一些毛毛虫喜欢吃的松叶。

毛毛虫开始一个跟着一个，绕着花盆的边缘一圈一圈地走，一小时过去了，一天过去了，又一天过去了，这些毛毛虫还是夜以继日地绕着花盆的边缘在转圈，一连走了七天七夜，它们最终因为饥饿和精疲力竭而相继死去。

约翰·法伯分析导致这种悲剧的原因就在于毛毛虫习惯于固守原有的本能、习惯、先例和经验。毛毛虫付出了生命，但没有任何成果。其实，如果有一个毛毛虫能够破除尾随的习惯而转向去觅食，就完全可以避免悲剧的发生。

后来，人们把这种喜欢跟着前面的路线走的习惯称之为"跟随者"的习惯，把因跟随而导致失败的现象称为"毛毛虫效应"。

疑病症："我是不是得了什么病"

在日常生活中，我们常见到有些人整天为自己的身体健康状况而担忧，总觉得自己身体的某部分患有较重的疾病。人人都很关心自身的健康，在某些特定情况下怀疑自己的身体不健康，担心患有某种疾病，是很正常的。一般人经过一段时间的体验与观察，或者经过医生的检查就可以对自己的健康状况放心了。而一些人则反复就诊、反复咨询，仍然不能消除疑虑，这种情况是一种很典型的心理障碍——疑病性神经症，简称疑病症。

疑病症又称为疾病臆想症，是一种对自己身体健康状况过分关注、

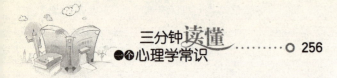

担心或深信自己患了一种或多种躯体疾病，经常诉说某些不适而反复就医，但经多种检查均不能证实疾病存在的心理病理观念。

佳明是一个企业的负责人，不久前单位组织体检，医生在查身体时，觉得他的肝脏有点异常，建议佳明再到相关科室去查一查。佳明一听就紧张起来，不知道该如何是好，当天晚上，躺在床上翻来覆去地睡不着。第二天赶紧就去了一家大医院做检查，在B超室外等候检查时，腿脚不停地发颤、额上直冒虚汗，时不时地问家人一句："万一得了肝癌怎么办？"检查时更是紧张得要命，结果B超检查什么问题也没有。佳明不相信，仍然三五天就去医院检查一次，后来医生建议他去精神心理科看一看，原来他得了"疑病症"。

疑病，就是怀疑自己有病，并非我们平时所说的疑心病。疑心病是指人疑心重，喜欢猜疑，但不一定是对自身健康的怀疑。疑病症突出的表现是过分关注自身的健康状况，有各种主观症状，反复就医，虽经反复医学检查和医生解释没有相应疾病，但仍不能打消患者的顾虑，常伴有焦虑或抑郁。

疑病症的发生与心理、社会、个人素质等因素有关。易感素质是发病的基础。疑病症病人通常谨慎、敏感、多疑而又主观、固执。他们对自己体内的某些轻微不适，表现出高度的敏感、关切、紧张和恐惧，并努力寻找引起这些不适的原因。由于病人富于联想，又容易接受暗示，所以很容易与内脏轻微的感觉病理性联系在一起，并迅速地固定下来。疑病症病人在提供病史时滔滔不绝，并作"疾病日记"，唯恐漏了一点细微的症状而影响对疾病的判断。

疑病症可因某一疾病后身体处于衰弱状态而促发，也可由于环境的变迁、个体生理心理条件的改变，如月经初潮、绝经期等的疑虑，或者由于医务人员言语不当造成。这类病人在心理上受不得一点暗示，一受到某种暗示，就容易产生很多联想和怀疑，徒增自身的心理负担。

疑病症是一种较顽固的慢性病，治疗应以精神治疗为主。但是，一般性的解释和说服，往往不易被病人接受，有时候甚至还会起反作用。不必要的检查，其结果常常也会适得其反，助长病人产生"我得的是罕见病，一般性的检查查不出来"的病态心理。

因此要仔细寻找病人的发病原因，认真研究病人的病态心理，取得病人的信任，使病人树立起病能治好的信心，然后再采取精神治疗。这种做法，对部分病人可有一定疗效。

对疑病症患者的治疗，可以从以下几个方面同时进行。

1. 消除心理压力

利用各种途径证明其无病。要对其进行全面、细致的体格检查和必要的化验及仪器检查，根据检查结果表明他并无躯体性疾病，以打消其思想顾虑。

2. 完善个性

疑病症患者往往具有固执、多疑、敏感、谨慎等性格特点。遇事总是过多地考虑悲观或不幸的一面，缺乏自信，这是疑病症发病的主要原因之一。

因此，努力培养乐观情绪，提高生活信心是很必要的。要走向社会，同时培养兴趣爱好丰富自己的生活，如养花、钓鱼、下棋、绘画等。还应做一些力所能及的工作和家务活。每天坚持体育锻炼，要多与朋友和亲人交流，培养幽默感，从而战胜消极悲观情绪和不良心理状态。

3. 心理治疗

治疗疑病症的关键是"疗心"，因此采用认知领悟疗法的疗效较好。

很多人迷信药物的威力，认为自己生了病只有吃药才能见效。医生提供药物，有时也是一种心理治疗的手段，药物能起到很大的暗示、安慰作用。为了巩固疗效，主治医生要与其他医生、患者的家属取得联系，态度要一致，不能迁就病人的要求，给予过多的检查，也不能随便

给药，以免强化患者的疑病观念和药物依赖。

心理常识：幻想效应

　　幻想效应的心理基础来自与弗洛伊德的防卫反应：人处于幻想状态，对不能得到满足的欲望，以幻想方式可达到暂时的心理平衡。例如，一个在现实中备受欺凌的女孩，她可以想象自己有一天会碰到一位英俊的王子，而且能够帮助她脱离苦境，给她带来幸福，这是西方童话中"灰姑娘"的幻想。

　　幻想作用有其积极的一面。比如它能使人获得满足感，使人感到精力充沛和斗志旺盛等。然而，幻想作用也易形成人的情绪陷阱，因为幻想作用往往通过夸大他人的优良表现，而宽容自己对失望和挫折的反应，形成以他人的成就来代替自己努力实践的倾向。由于这种满足感是理想化的，而非自己努力的结果，过分使用就会形成不健康的心理和导致一些实际上和情绪上的困扰。